山西省水利水电勘测设计研究院　编著

# 山西省小型农田水利工程定型设计图集

主　编　李效勤
副主编　张文亮　王建峰

黄河水利出版社
·郑州·

## 内容提要

本书结合多年来山西省小型农田水利工程建设实际情况编写，由总说明和六部分内容组成：第一部分为井房、井台、井罩；第二部分为管灌给水栓防冲池；第三部分为小型U型渠道及建筑物；第四部分为量水设施；第五部分为蓄水池；第六部分为水窖。

本书主要供山西省各市县从事小型农田水利工程设计、施工、管理的基层水利技术人员使用，也可供相关专业院校师生以及工程技术人员在教学、科研、生产工作中参考使用。

**图书在版编目(CIP)数据**

山西省小型农田水利工程定型设计图集/山西省水利水电勘测设计研究院编著；李效勤主编. —郑州：黄河水利出版社，2016.9

ISBN 978-7-5509-1091-1

Ⅰ.①山… Ⅱ.①山… ②李… Ⅲ.①农田水利-水利工程-工程设计-山西-图集 Ⅳ.①S27-64

中国版本图书馆CIP数据核字(2016)第233488号

组稿编辑：崔潇菡　电话：0371-66023343　E-mail：cuixiaohan815@163.com

出 版 社：黄河水利出版社

地址：河南省郑州市顺河路黄委会综合楼14层　邮政编码：450003

发行单位：黄河水利出版社

发行部电话：0371-66026940、66020550、66028024、66022620(传真)

E-mail：hhslcbs@126.com

承印单位：河南承创印务有限公司

开本：890 mm×1 240 mm　1/8

印张：21.5

字数：496千字　印数：1—1 000

版次：2016年9月第1版　印次：2016年9月第1次印刷

定价：98.00元

# 序

农田水利工程是水利工程的重要组成部分,是农业生产的基础设施,是现代农业发展的首要条件;小型农田水利工程是农田水利工程建设的最末一个环节,是实现农业发展、保障粮食增产的最后通道。

随着我省大型灌区及重点中型灌区续建配套和节水改造工程的大力推进和逐步完善,小型农田水利工程的配套改造已是迫在眉睫,因为小型农田水利工程虽小,但面对的是广大的农业灌溉受益者,它与农民零距离对接,直接关系到农业生产的健康发展和农民经济收入的稳步增长,小中见大,意义深远。因此,尽快加强小型农田水利工程的建设是非常必要的。

为了规范小型农田水利工程建设,全面深入推进小型农田水利工程标准化工作,山西省水利厅于2011年9月委托山西省水利水电勘测设计研究院着手进行《山西省小型农田水利工程定型设计图集》的编写工作。2012年5月,山西省水利水电勘测设计研究院完成了《山西省小型农田水利工程定型设计图集》的编写及校审,经专家审核后,山西省水利厅于2012年6月印发至全省相关水利部门推广应用,使用四年来效果良好。

《山西省小型农田水利工程定型设计图集》由总说明和六部分内容组成,包括井房、井台、井罩、管灌给水栓防冲池、小型U型渠道及建筑物、量水设施、蓄水池、水窖等,基本可满足山西省小型农田水利工程建设的需求。本图集具有科学、实用的特点,它的实施为设计标准化、施工便捷化、投资精准化、管理高效化创造了条件,最终为实现小型农田水利工程的全过程一体化管理运行奠定了基础。

2016年9月12日,习近平总书记在“第39届国际标准化组织大会”的贺信中指出,标准是人类文明进步的成果。伴随着经济全球化深入发展,标准化在便利经贸往来、支撑产业发展、促进科技进步、规范社会治理中的作用日益凸显。希望全省广大水利工作者能够成为标准化建设的积极探索者和深入践行者,为我省水利事业的发展做出新的更大的贡献。

潘军峰

2016年9月

# 《山西省小型农田水利工程定型设计图集》编写人员

主 持 单 位：山西省水利厅

编 写 单 位：山西省水利水电勘测设计研究院

主　　编：李效勤

副 主 编：张文亮　王建峰

编 写 人 员：李效勤　王建峰　常晓亮　孙惠兰　田晓青　白亮琴　贾玉爱　任康宁　张文杰

杨宜祥　郑建红　张子兴　王　生　代　威　庞瑞瑞　王宏樑　常振华　那　威

罗　朋　李军英　刘　洁

审　　核：武福玉　张金凯　马存信

# 前 言

农田水利是农业生产的重要基础设施，是农村经济社会发展的基本保障条件，是农村生态文明建设的重要支撑系统。当前，随着工业化、城镇化的快速推进，我国人增地减水缺的矛盾日益突出，保障粮食等农产品供求平衡的任务更加艰巨，农田水利建设滞后问题愈加凸显。

近年来，中央坚持把农田水利建设作为保障农业稳定发展和国家粮食安全的重要基础，不断完善政策支持体系，加大基础工作力度。特别是2011年中央一号文件，明确提出要突出加强农田水利等薄弱环节建设。山西省委、省政府认真落实中央精神，及时出台了相应的跟进措施和配套政策，为我省农田水利建设创造了全面发展的大好机遇。

为了规范小型农田水利工程建设，提高我省小型农田水利工程设计水平和设计质量，全面深入推进小型农田水利工程标准化工作，受山西省水利厅委托，我院于2011年9月至2012年5月编写完成了《山西省小型农田水利工程定型设计图集》。2012年6月，山西省水利厅将本图集印发至全省相关水利部门推广应用，使用四年来效果良好。

本图集由总说明及六部分内容组成。其中第一部分为井房、井台、井罩；第二部分为管灌给水栓防冲池；第三部分为小型U型渠道及建筑物；第四部分为量水设施；第五部分为蓄水池；第六部分为水窖。

本图集编写分工如下：总说明：李效勤；第一部分：李效勤、王建峰、常晓亮、张子兴；第二部分：李效勤、常晓亮；第三部分：孙惠兰、杨宜祥、王生、代威；第四部分：李效勤、王建峰；第五部分：李效勤、王建峰、常晓亮、任康宁、张文杰；第六部分：王建峰、郑建红。本图集主编为李效勤，副主编为张文亮、王建峰。本图集由武福玉、张金凯、马存信审核。

本图集由山西省水利厅厅长潘军峰作序。在本图集的编写过程中，山西省水利厅农村水利处给予了大力支持和帮助，山西省有关水利专家以及部分市县水利工作人员提出了许多宝贵的意见，本图集的编写还引用了相关图集的部分内容，在此一并致以衷心的感谢！由于水平所限，对图集中的错误和疏漏之处，敬请广大读者指正。

**编 者**

2016年9月

# 总　说　明

## 一、编写依据及引用标准

1、《砌体结构设计规范》GB 50003—2011

2、《混凝土结构设计规范》GB 50010—2010

3、《室外给水设计规范》GB 50013—2006

4、《混凝土外加剂应用技术规范》GB 50119—2013

5、《灌溉与排水工程设计规范》GB 50288—99

6、《农田灌溉水质标准》GB 5084—2005

7、《农田低压管道输水灌溉工程技术规范》GB/T 20203—2006

8、《雨水集蓄利用工程技术规范》GB/T 50596—2010

9、《渠道防渗工程技术规范》GB/T 50600—2010

10、《水工建筑物抗冰冻设计规范》GB/T 50662—2011

11、《水工混凝土结构设计规范》SL 191—2008

12、《水工建筑物抗震设计规范》SL 203—97

13、《水闸设计规范》SL 265—2001

14、《圆形钢筋混凝土蓄水池》04S803

15、其他相关现行规程规范。

## 二、技术要求

1、水质：应符合《农田灌溉水质标准》GB 5084—2005 的要求；

2、地基承载力：应根据各建筑物的具体情况并结合各地实际确定；

3、回填土压实度：不小于 0.93；

4、混凝土抗冻等级：严寒地区为 F200，寒冷地区为 F150，温和地区为 F50；

5、混凝土抗渗等级：井房无要求，蓄水池、水窖为 W6，其他建筑物均为 W4；

6、蓄水池地下水位：100 $m^3$ 圆形封闭蓄水池允许最高地下水位在水池底板底面以上 2 500 mm；200 $m^3$ 圆形封闭蓄水池允许最高地下水位在水池底板底面以上 1 800 mm；300 $m^3$、500 $m^3$、800 $m^3$、1 000 $m^3$ 圆形露天蓄水池允许最高地下水位在水池底板底面以上 1 500 mm；

7、基础埋深：本图集中井房墙基、下卧式井台井罩中管道及机耕桥台基础埋深均按太原地区冻土深度确定，其他各地在参考本图集时，应按当地最大冻土深度考虑；全省各县（市、区）最大冻土深度参考值见下表：

## 山西省各县(市、区)最大冻土深度统计表

| 地区 | 所辖区域 | 最大冻土深度(cm) | 备注 | 地区 | 所辖区域 | 最大冻土深度(cm) | 备注 | 地区 | 所辖区域 | 最大冻土深度(cm) | 备注 | 地区 | 所辖区域 | 最大冻土深度(cm) | 备注 |
|---|---|---|---|---|---|---|---|---|---|---|---|---|---|---|---|
| 太原市 | 太原市 | 105 | | 长治市 | 黎城县 | 66 | | 运城市 | 临猗县 | 42 | | 临汾市 | 乡宁县 | 63 | |
| | 清徐县 | 81 | | 晋城市 | 晋城市 | 41 | | | 永济县 | 35 | | | 蒲县 | 86 | |
| | 阳曲县 | 109 | | | 沁水县 | 61 | | | 芮城县 | 38 | | | 永和县 | 93 | |
| | 娄烦县 | 110 | | | 阳城县 | 39 | | | 平陆县 | 30 | | | 襄汾县 | 58 | |
| | 古交市 | 105 | | | 高平市 | 54 | | | 夏县 | 40 | | | 曲沃县 | 49 | |
| 大同市 | 大同市 | 186 | | | 陵川县 | 59 | | | 垣曲县 | 37 | | | 侯马市 | 51 | |
| | 阳高县 | 143 | | 朔州市 | 朔州市 | 112 | | | 绛县 | 60 | | | 霍州市 | 74 | |
| | 天镇县 | 120 | | | 右玉县 | 169 | | | 闻喜县 | 41 | | | 古县 | 50 | |
| | 大同县 | 113 | | | 平鲁区 | 141 | | | 万荣县 | 53 | | | 安泽县 | 81 | |
| | 左云县 | 186 | | | 山阴县 | 147 | | 忻州市 | 忻州市 | 109 | | | 浮山县 | 67 | |
| | 浑源县 | 160 | | | 怀仁县 | 157 | | | 偏关县 | 144 | | | 翼城县 | 54 | |
| | 广灵县 | 144 | | | 应县 | 116 | | | 河曲县 | 134 | | | 洪洞县 | 56 | |
| | 灵丘县 | 127 | | 晋中市 | 榆次市 | 90 | | | 保德县 | 136 | | | 汾西县 | 79 | |
| 阳泉市 | 阳泉市 | 62 | | | 介休市 | 63 | | | 岢岚县 | 149 | | 吕梁市 | 离石市 | 104 | |
| | 盂县 | 83 | | | 灵石县 | 93 | | | 五寨县 | 148 | | | 兴县 | 131 | |
| | 平定县 | 61 | | | 平遥县 | 81 | | | 神池县 | 149 | | | 岚县 | 124 | |
| 长治市 | 长治市 | 54 | | | 祁县 | 83 | | | 宁武县 | 142 | | | 临县 | 111 | |
| | 武乡县 | 83 | | | 太谷县 | 92 | | | 代县 | 98 | | | 方山县 | 110 | |
| | 沁县 | 76 | | | 寿阳县 | 101 | | | 繁峙县 | 93 | | | 柳林县 | 100 | |
| | 沁源县 | 80 | | | 昔阳县 | 75 | | | 五台县 | 109 | | | 中阳县 | 92 | |
| | 襄垣县 | 81 | | | 和顺县 | 110 | | | 原平市 | 121 | | | 石楼县 | 91 | |
| | 屯留县 | 75 | | | 左权县 | 92 | | | 定襄县 | 117 | | | 交口县 | 98 | |
| | 长子县 | 66 | | | 榆社县 | 76 | | | 静乐县 | 149 | | | 孝义市 | 83 | |
| | 长治县 | 63 | | 运城市 | 运城市 | 39 | | 临汾市 | 临汾市 | 57 | | | 汾阳市 | 87 | |
| | 壶关县 | 69 | | | 河津市 | 40 | | | 隰县 | 86 | | | 文水县 | 92 | |
| | 平顺县 | 79 | | | 新绛县 | 50 | | | 大宁县 | 84 | | | 交城县 | 125 | |
| | 潞城市 | 84 | | | 稷山县 | 51 | | | 吉县 | 79 | | | | | |

**注**:本表数据摘自于《山西省地面气候资料(1971 ~ 2000)》,仅供参考。

8、**特殊地基**:对于地震区的可液化地基以及湿陷性黄土、多年冻土、膨胀土、淤泥和淤泥质土、冲填土、杂填土或其他特殊构成的地基,则必须按相关规范对地基进行处理;

9、**施工**:各建筑物与构造物的施工,必须满足相关施工技术规程规范的要求。

# 目　录

# 总 说 明

## 一、编写依据及引用标准

1、《砌体结构设计规范》GB 50003—2011

2、《混凝土结构设计规范》GB 50010—2010

3、《室外给水设计规范》GB 50013—2006

4、《混凝土外加剂应用技术规范》GB 50119—2013

5、《灌溉与排水工程设计规范》GB 50288—99

6、《农田灌溉水质标准》GB 5084—2005

7、《农田低压管道输水灌溉工程技术规范》GB/T 20203—2006

8、《雨水集蓄利用工程技术规范》GB/T 50596—2010

9、《渠道防渗工程技术规范》GB/T 50600—2010

10、《水工建筑物抗冰冻设计规范》GB/T 50662—2011

11、《水工混凝土结构设计规范》SL 191—2008

12、《水工建筑物抗震设计规范》SL 203—97

13、《水闸设计规范》SL 265—2001

14、《圆形钢筋混凝土蓄水池》04S803

15、其他相关现行规程规范。

## 二、技术要求

1、水质:应符合《农田灌溉水质标准》GB 5084—2005 的要求;

2、地基承载力:应根据各建筑物的具体情况并结合各地实际确定;

3、回填土压实度:不小于 0.93;

4、混凝土抗冻等级:严寒地区为 F200,寒冷地区为 F150,温和地区为 F50;

5、混凝土抗渗等级:井房无要求,蓄水池、水窖为 W6,其他建筑物均为 W4;

6、蓄水池地下水位:100 $m^3$ 圆形封闭蓄水池允许最高地下水位在水池底板底面以上 2 500 mm;200 $m^3$ 圆形封闭蓄水池允许最高地下水位在水池底板底面以上 1 800 mm;300 $m^3$、500 $m^3$、800 $m^3$、1 000 $m^3$ 圆形露天蓄水池允许最高地下水位在水池底板底面以上 1 500 mm;

7、基础埋深:本图集中井房墙基、下卧式井台井罩中管道及机耕桥台基础埋深均按太原地区冻土深度确定,其他各地在参考本图集时,应按当地最大冻土深度考虑;全省各县(市、区)最大冻土深度参考值见下表:

## 山西省各县(市、区)最大冻土深度统计表

| 地区 | 所辖区域 | 最大冻土深度(cm) | 备注 | 地区 | 所辖区域 | 最大冻土深度(cm) | 备注 | 地区 | 所辖区域 | 最大冻土深度(cm) | 备注 | 地区 | 所辖区域 | 最大冻土深度(cm) | 备注 |
|---|---|---|---|---|---|---|---|---|---|---|---|---|---|---|---|
| 太原市 | 太原市 | 105 | | 长治市 | 黎城县 | 66 | | 运城市 | 临猗县 | 42 | | 临汾市 | 乡宁县 | 63 | |
| | 清徐县 | 81 | | 晋城市 | 晋城市 | 41 | | | 永济县 | 35 | | | 蒲县 | 86 | |
| | 阳曲县 | 109 | | | 沁水县 | 61 | | | 芮城县 | 38 | | | 永和县 | 93 | |
| | 娄烦县 | 110 | | | 阳城县 | 39 | | | 平陆县 | 30 | | | 襄汾县 | 58 | |
| | 古交市 | 105 | | | 高平市 | 54 | | | 夏县 | 40 | | | 曲沃县 | 49 | |
| 大同市 | 大同市 | 186 | | | 陵川县 | 59 | | | 垣曲县 | 37 | | | 侯马市 | 51 | |
| | 阳高县 | 143 | | 朔州市 | 朔州市 | 112 | | | 绛县 | 60 | | | 霍州市 | 74 | |
| | 天镇县 | 120 | | | 右玉县 | 169 | | | 闻喜县 | 41 | | | 古县 | 50 | |
| | 大同县 | 113 | | | 平鲁区 | 141 | | | 万荣县 | 53 | | | 安泽县 | 81 | |
| | 左云县 | 186 | | | 山阴县 | 147 | | 忻州市 | 忻州市 | 109 | | | 浮山县 | 67 | |
| | 浑源县 | 160 | | | 怀仁县 | 157 | | | 偏关县 | 144 | | | 翼城县 | 54 | |
| | 广灵县 | 144 | | | 应县 | 116 | | | 河曲县 | 134 | | | 洪洞县 | 56 | |
| | 灵丘县 | 127 | | 晋中市 | 榆次市 | 90 | | | 保德县 | 136 | | | 汾西县 | 79 | |
| 阳泉市 | 阳泉市 | 62 | | | 介休市 | 63 | | | 岢岚县 | 149 | | 吕梁市 | 离石市 | 104 | |
| | 盂县 | 83 | | | 灵石县 | 93 | | | 五寨县 | 148 | | | 兴县 | 131 | |
| | 平定县 | 61 | | | 平遥县 | 81 | | | 神池县 | 149 | | | 岚县 | 124 | |
| 长治市 | 长治市 | 54 | | | 祁县 | 83 | | | 宁武县 | 142 | | | 临县 | 111 | |
| | 武乡县 | 83 | | | 太谷县 | 92 | | | 代县 | 98 | | | 方山县 | 110 | |
| | 沁县 | 76 | | | 寿阳县 | 101 | | | 繁峙县 | 93 | | | 柳林县 | 100 | |
| | 沁源县 | 80 | | | 昔阳县 | 75 | | | 五台县 | 109 | | | 中阳县 | 92 | |
| | 襄垣县 | 81 | | | 和顺县 | 110 | | | 原平市 | 121 | | | 石楼县 | 91 | |
| | 屯留县 | 75 | | | 左权县 | 92 | | | 定襄县 | 117 | | | 交口县 | 98 | |
| | 长子县 | 66 | | | 榆社县 | 76 | | | 静乐县 | 149 | | | 孝义市 | 83 | |
| | 长治县 | 63 | | 运城市 | 运城市 | 39 | | 临汾市 | 临汾市 | 57 | | | 汾阳市 | 87 | |
| | 壶关县 | 69 | | | 河津市 | 40 | | | 隰县 | 86 | | | 文水县 | 92 | |
| | 平顺县 | 79 | | | 新绛县 | 50 | | | 大宁县 | 84 | | | 交城县 | 125 | |
| | 潞城市 | 84 | | | 稷山县 | 51 | | | 吉县 | 79 | | | | | |

**注**:本表数据摘自于《山西省地面气候资料(1971 ~ 2000)》,仅供参考。

8、特殊地基:对于地震区的可液化地基以及湿陷性黄土、多年冻土、膨胀土、淤泥和淤泥质土、冲填土、杂填土或其他特殊构成的地基,则必须按相关规范对地基进行处理;

9、施工:各建筑物与构造物的施工,必须满足相关施工技术规程规范的要求。

# 目 录

# 第一部分　井房、井台、井罩

A型井房效果图（正面）

A型井房效果图（背面）

说明：

1.本套图共5张，应配合使用。

| 第一部分　井房、井台、井罩 | | | |
|---|---|---|---|
| 图名 | A型井房（井在外）效果图 | 图号 | 1-1 |

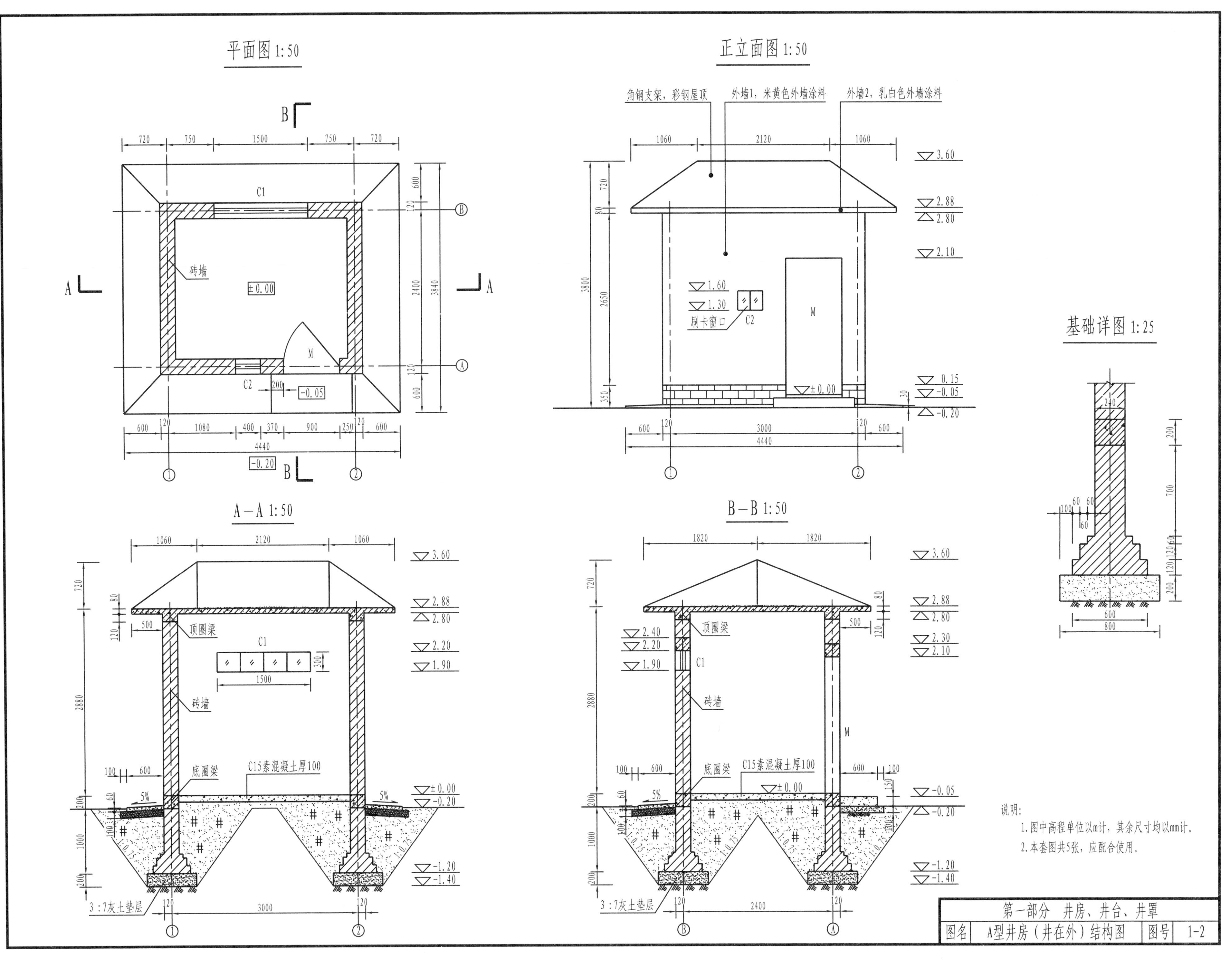
平面图 1:50
正立面图 1:50
角钢支架，彩钢屋顶
外墙1，米黄色外墙涂料
外墙2，乳白色外墙涂料
砖墙
±0.00
-0.05
-0.20
C1
C2
M
刷卡窗口
基础详图 1:25
A—A 1:50
B—B 1:50
顶圈梁
底圈梁
C15素混凝土厚100
3:7灰土垫层
说明:
1.图中高程单位以m计，其余尺寸均以mm计。
2.本套图共5张，应配合使用。
第一部分　井房、井台、井罩
图名　A型井房（井在外）结构图　图号　1-2

## 工程做法

一、屋面

1. 角钢支架，彩钢屋顶；
2. 从屋顶中心向四周采用1:2.5水泥砂浆以1%坡度找坡，最薄处20mm；
3. 80厚现浇钢筋混凝土屋面板。

二、顶棚

1. 刷白色仿瓷涂料；
2. 5厚1:2.5水泥砂浆罩面；
3. 5厚1:3水泥砂浆打底扫毛；
4. 钢筋混凝土板刷素水泥浆一道（内掺水重3%～5%的107胶）。

三、内墙

1. 刮白色仿瓷涂料；
2. 5厚1:2.5水泥砂浆罩面压实赶光；
3. 13厚1:3水泥砂浆打底扫毛或划出纹道。

四、内墙踢脚

1. 8厚1:2.5水泥砂浆罩面压实赶光；
2. 12厚1:3水泥砂浆打底扫毛或划出纹道；
3. 踢脚高度：120高。

五、地面

1. 20厚1:2.5水泥砂浆抹面压实赶光；
2. 素水泥浆结合层一遍。

六、外墙

1. 喷涂料面层（外墙1为米黄色外墙涂料，外墙2为乳白色外墙涂料）；
2. 8厚1:2.5水泥砂浆压实抹光；
3. 12厚1:3水泥砂浆打底扫毛；
4. 外墙底部30cm贴灰色仿石文化砖。

七、台阶

1. 20厚1:2.5水泥砂浆抹面；
2. 150厚C15混凝土；
3. 100厚3:7灰土夯实。

八、散水

1. 60厚C15混凝土撒1:1水泥石子；
2. 100厚3:7灰土夯实。

## 构件表

| 名称 | 选型 | 数量 | 备注 |
|---|---|---|---|
| 门(M) | 900×2100 | 1 | 烤漆防盗门 |
| 窗户(C1) | 1500×300 | 1 | 铝合金推拉式窗户 |
| 窗户(C2) | 400×300 | 1 | 铝合金窗户 |

说明：

1. 本套图共5张，应配合使用。
2. 土方开挖及回填工程量是在地面水平且地面比室内地坪低0.2m基础上计算的，具体工程设计中应按现场实际地面线进行计算。

## 工程量表

| 项目 | 单位 | 数量 | 备注 |
|---|---|---|---|
| 土方开挖 | $m^3$ | | |
| 土方回填 | $m^3$ | 17.00 | |
| C25钢筋混凝土 | $m^3$ | 2.24 | |
| C15素混凝土 | $m^3$ | 1.18 | |
| 砖墙 | $m^3$ | 9.64 | |
| 3:7灰土垫层 | $m^3$ | 2.72 | |
| 1:2.5水泥砂浆 | $m^3$ | 1.10 | |
| 1:3水泥砂浆 | $m^3$ | 0.87 | |
| 素水泥浆 | $m^2$ | 17.85 | |
| 白色仿瓷涂料 | $m^2$ | 37.00 | |
| 米黄色外墙涂料 | $m^2$ | 28.70 | |
| 乳白色外墙涂料 | $m^2$ | 1.26 | |
| 灰色仿石文化砖 | $m^2$ | 3.53 | |
| 钢筋 | kg | 327.59 | |
| 彩钢屋顶 | $m^2$ | 10.89 | |

## 混凝土配合比参照表

| 项目 | 配合比（1$m^3$混凝土材料用量） | | | |
|---|---|---|---|---|
| | 水泥32.5（kg） | 粗砂（$m^3$） | 碎石（$m^3$） | 水（$m^3$） |
| C20混凝土 | 317.90 | 0.539 | 0.859 | 0.165 |
| C15混凝土 | 266.20 | 0.572 | 0.859 | 0.165 |

## 水泥砂浆配合比参照表

| 项目 | 配合比（1$m^3$水泥砂浆材料用量） | | |
|---|---|---|---|
| | 水泥32.5（kg） | 粗砂（$m^3$） | 水（$m^3$） |
| 1:2.5水泥砂浆 | 475 | 1.16 | 0.30 |
| 1:3.0水泥砂浆 | 404 | 1.18 | 0.30 |

| 第一部分　井房、井台、井罩 | | | |
|---|---|---|---|
| 图名 | A型井房（井在外）工程做法、构件表及工程量表 | 图号 | 1-3 |

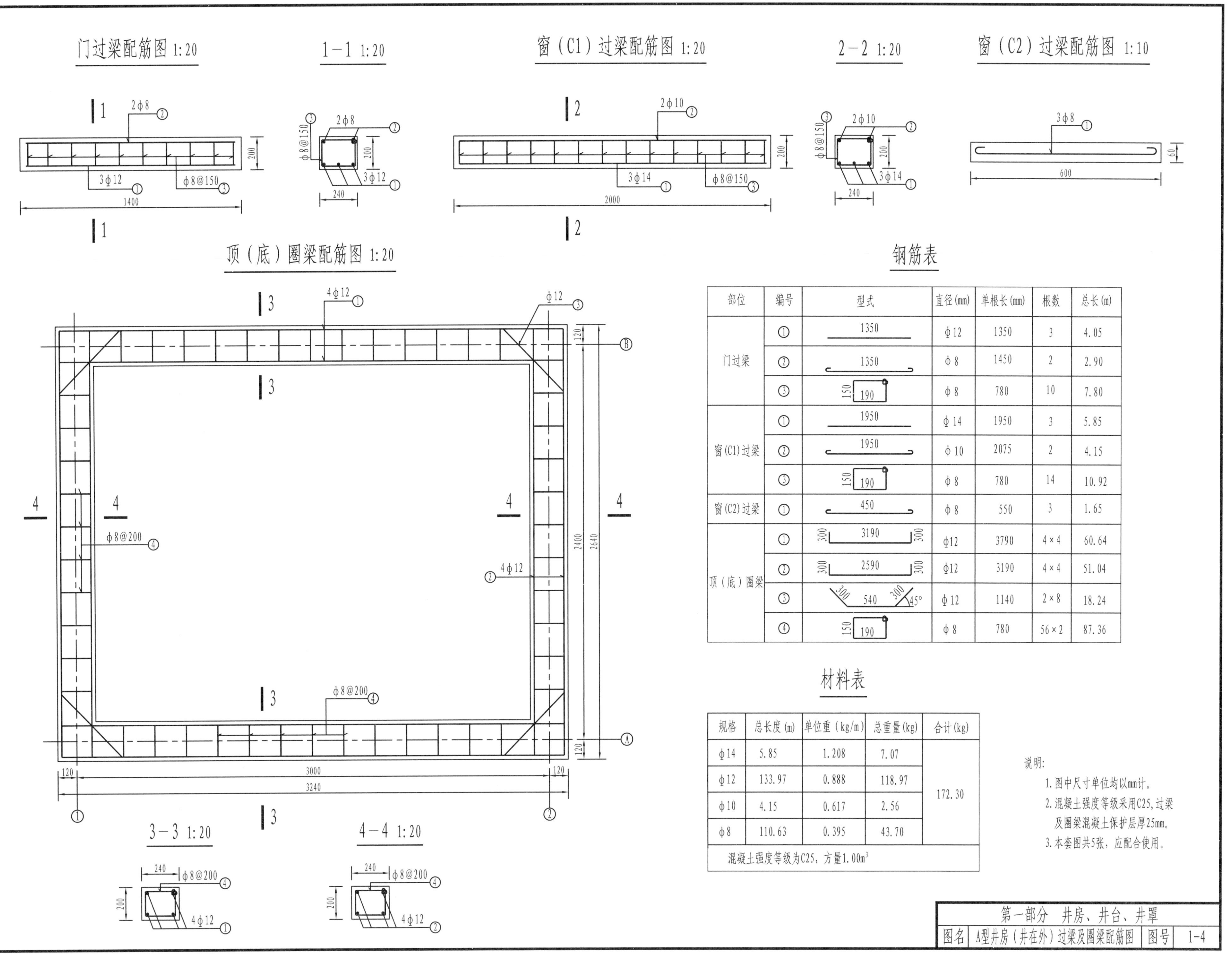


## 钢筋表

| 部位 | 编号 | 型式 | 直径(mm) | 单根长(mm) | 根数 | 总长(m) |
|---|---|---|---|---|---|---|
| 门过梁 | ① | 1350 | φ12 | 1350 | 3 | 4.05 |
| | ② | 1350 | φ8 | 1450 | 2 | 2.90 |
| | ③ | 150 190 | φ8 | 780 | 10 | 7.80 |
| 窗(C1)过梁 | ① | 1950 | φ14 | 1950 | 3 | 5.85 |
| | ② | 1950 | φ10 | 2075 | 2 | 4.15 |
| | ③ | 150 190 | φ8 | 780 | 14 | 10.92 |
| 窗(C2)过梁 | ① | 450 | φ8 | 550 | 3 | 1.65 |
| 顶（底）圈梁 | ① | 300 3190 300 | φ12 | 3790 | 4×4 | 60.64 |
| | ② | 300 2590 300 | φ12 | 3190 | 4×4 | 51.04 |
| | ③ | 300 540 300 45° | φ12 | 1140 | 2×8 | 18.24 |
| | ④ | 150 190 | φ8 | 780 | 56×2 | 87.36 |

## 材料表

| 规格 | 总长度(m) | 单位重（kg/m） | 总重量(kg) | 合计(kg) |
|---|---|---|---|---|
| φ14 | 5.85 | 1.208 | 7.07 | 172.30 |
| φ12 | 133.97 | 0.888 | 118.97 | |
| φ10 | 4.15 | 0.617 | 2.56 | |
| φ8 | 110.63 | 0.395 | 43.70 | |
| 混凝土强度等级为C25，方量1.00m³ | | | | |

说明：

1. 图中尺寸单位均以mm计。
2. 混凝土强度等级采用C25，过梁及圈梁混凝土保护层厚25mm。
3. 本套图共5张，应配合使用。

| 第一部分　井房、井台、井罩 | | | |
|---|---|---|---|
| 图名 | A型井房（井在外）过梁及圈梁配筋图 | 图号 | 1-4 |

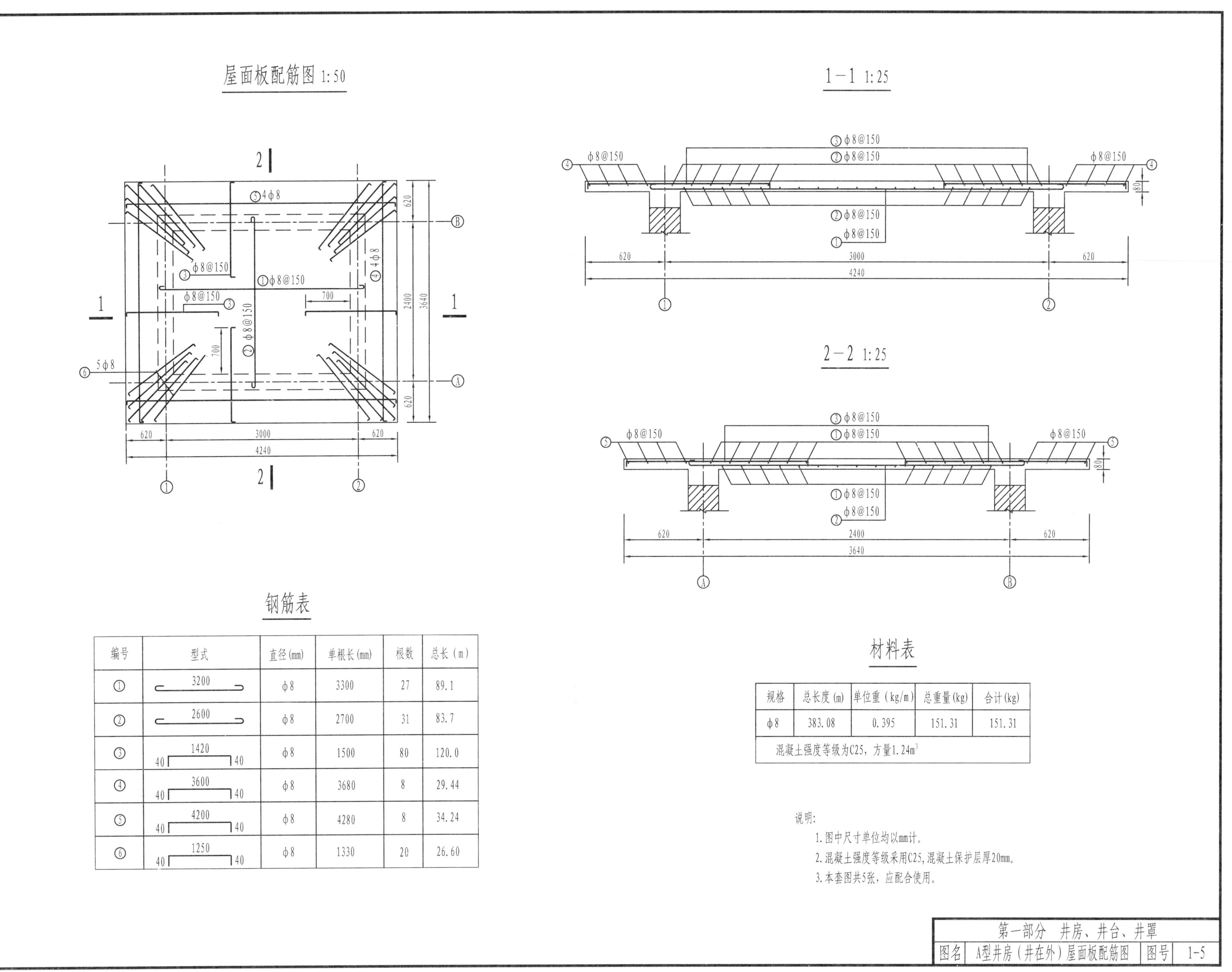


钢筋表

| 编号 | 型式 | 直径(mm) | 单根长(mm) | 根数 | 总长(m) |
|---|---|---|---|---|---|
| ① | 3200 | φ8 | 3300 | 27 | 89.1 |
| ② | 2600 | φ8 | 2700 | 31 | 83.7 |
| ③ | 40 1420 40 | φ8 | 1500 | 80 | 120.0 |
| ④ | 40 3600 40 | φ8 | 3680 | 8 | 29.44 |
| ⑤ | 40 4200 40 | φ8 | 4280 | 8 | 34.24 |
| ⑥ | 40 1250 40 | φ8 | 1330 | 20 | 26.60 |

材料表

| 规格 | 总长度(m) | 单位重(kg/m) | 总重量(kg) | 合计(kg) |
|---|---|---|---|---|
| φ8 | 383.08 | 0.395 | 151.31 | 151.31 |
| 混凝土强度等级为C25，方量1.24m³ | | | | |

说明：

1. 图中尺寸单位均以mm计。
2. 混凝土强度等级采用C25，混凝土保护层厚20mm。
3. 本套图共5张，应配合使用。

| 第一部分 井房、井台、井罩 | | | |
|---|---|---|---|
| 图名 | A型井房（井在外）屋面板配筋图 | 图号 | 1-5 |

B型井房效果图（正面）

B型井房效果图（背面）

说明：

1.本套图共5张，应配合使用。

| 第一部分　井房、井台、井罩 | | | |
|---|---|---|---|
| 图名 | B型井房（井在外）效果图 | 图号 | 1-6 |

平面图 1:50

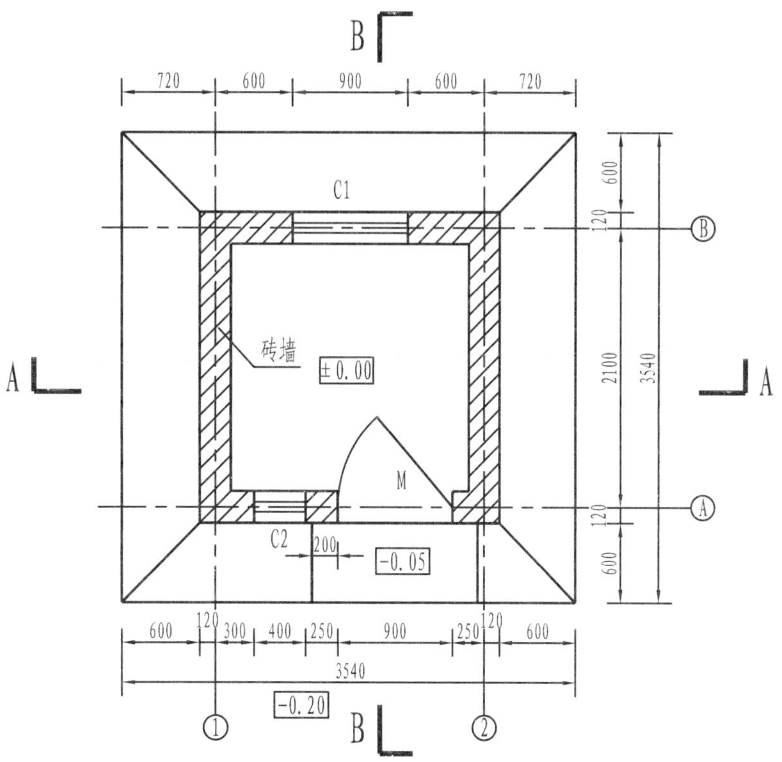

正立面图 1:50

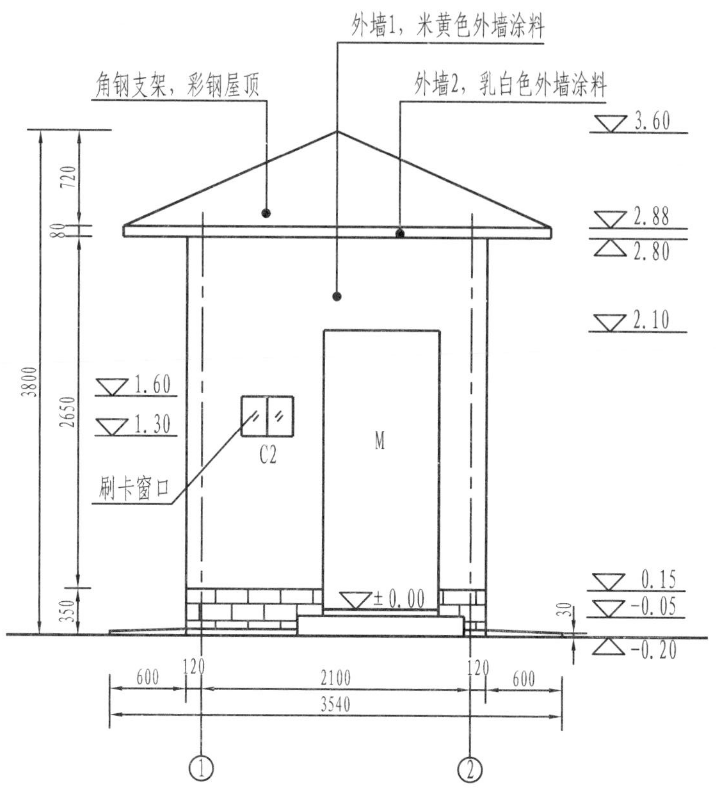

基础详图 1:25

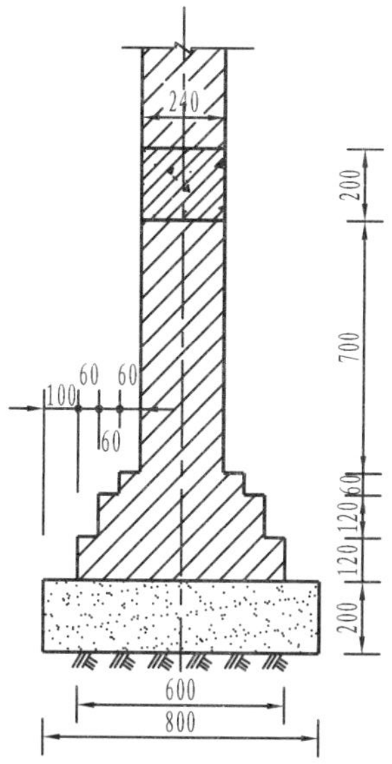

A—A 1:50

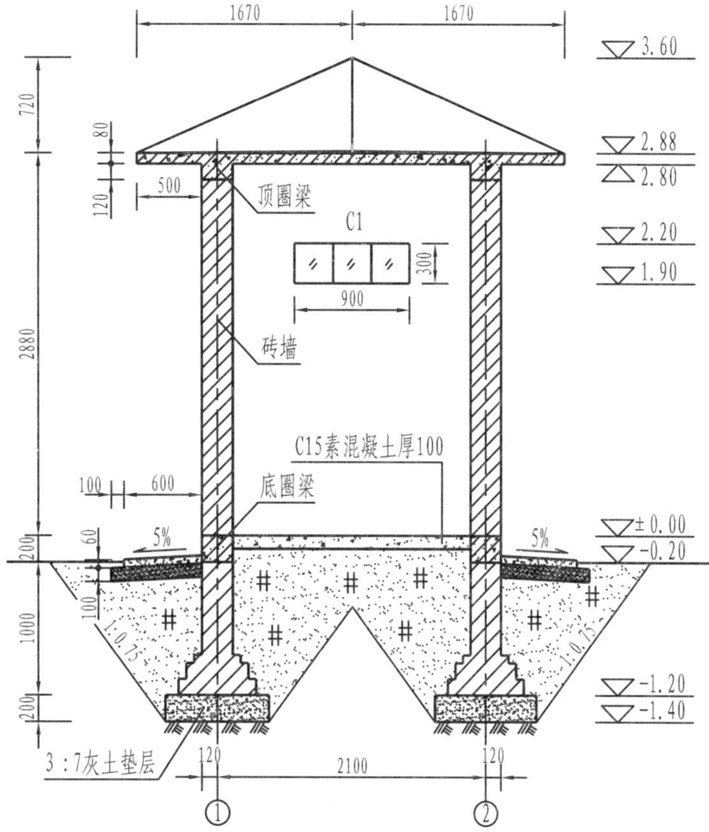

B—B 1:50

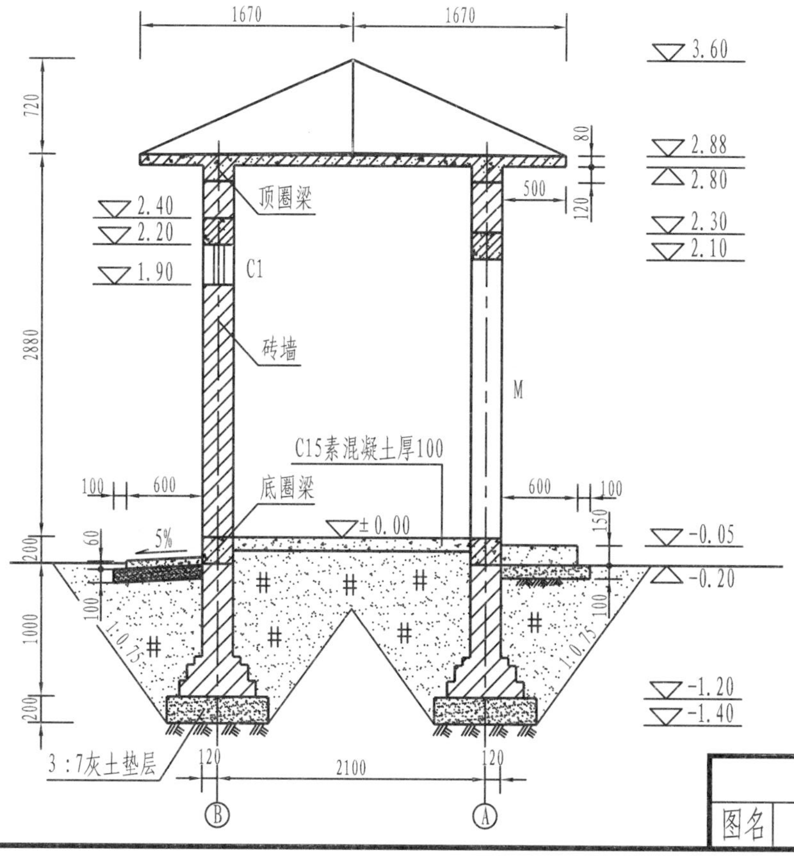

说明：

1. 图中高程单位以m计，其余尺寸均以mm计。
2. 本套图共5张，应配合使用。

| 第一部分　井房、井台、井罩 | | | |
|---|---|---|---|
| 图名 | B型井房（井在外）结构图 | 图号 | 1-7 |

## 工程做法

一、屋面

1.角钢支架，彩钢屋顶；

2.从屋顶中心向四周采用1:2.5水泥砂浆以1%坡度找坡，最薄处20mm;

3.80厚现浇钢筋混凝土屋面板。

二、顶棚

1.刷白色仿瓷涂料;

2.5厚1:2.5水泥砂浆罩面;

3.5厚1:3水泥砂浆打底扫毛;

4.钢筋混凝土板刷素水泥浆一道（内掺水重3%～5%的107胶）。

三、内墙

1.刮白色仿瓷涂料;

2.5厚1:2.5水泥砂浆罩面压实赶光;

3.13厚1:3水泥砂浆打底扫毛或划出纹道。

四、内墙踢脚

1.8厚1:2.5水泥砂浆罩面压实赶光;

2.12厚1:3水泥砂浆打底扫毛或划出纹道;

3.踢脚高度：120高。

五、地面

1.20厚1:2.5水泥砂浆抹面压实赶光;

2.素水泥浆结合层一遍。

六、外墙

1.喷涂料面层（外墙1为米黄色外墙涂料，外墙2为乳白色外墙涂料）;

2.8厚1:2.5水泥砂浆压实抹光;

3.12厚1:3水泥砂浆打底扫毛;

4.外墙底部30cm贴灰色仿石文化砖。

七、台阶

1.20厚1:2.5水泥砂浆抹面;

2.150厚C15混凝土;

3.100厚3：7灰土夯实。

八、散水

1.60厚C15混凝土撒1:1水泥石子;

2.100厚3：7灰土夯实。

## 构件表

| 名称 | 选型 | 数量 | 备注 |
| --- | --- | --- | --- |
| 门(M) | 900×2100 | 1 | 烤漆防盗门 |
| 窗户(C1) | 900×300 | 1 | 铝合金推拉式窗户 |
| 窗户(C2) | 400×300 | 1 | 铝合金窗户 |

说明：

1.本套图共5张，应配合使用。

2.土方开挖及回填工程量是在地面水平且地面比室内地坪低0.2m基础上计算的，具体工程设计中应按现场实际地面线进行计算。

## 工程量表

| 项目 | 单位 | 数量 | 备注 |
| --- | --- | --- | --- |
| 土方开挖 | $m^3$ | 8.34 | |
| 土方回填 | $m^3$ | 4.32 | |
| C25钢筋混凝土 | $m^3$ | 1.68 | |
| C15素混凝土 | $m^3$ | 0.84 | |
| 砖墙 | $m^3$ | 7.40 | |
| 3:7灰土垫层 | $m^3$ | 2.17 | |
| 1:2.5水泥砂浆 | $m^3$ | 0.82 | |
| 1:3水泥砂浆 | $m^3$ | 0.66 | |
| 素水泥浆 | $m^2$ | 11.64 | |
| 白色仿瓷涂料 | $m^2$ | 26.73 | |
| 米黄色外墙涂料 | $m^2$ | 22.53 | |
| 乳白色外墙涂料 | $m^2$ | 1.07 | |
| 灰色仿石文化砖 | $m^2$ | 2.81 | |
| 钢筋 | kg | 239.22 | |
| 彩钢屋顶 | $m^2$ | 12.16 | |

## 混凝土配合比参照表

| 项目 | 配合比（1$m^3$混凝土材料用量） | | | |
| --- | --- | --- | --- | --- |
| | 水泥32.5（kg） | 粗砂（$m^3$） | 碎石（$m^3$） | 水（$m^3$） |
| C20混凝土 | 317.90 | 0.539 | 0.859 | 0.165 |
| C15混凝土 | 266.20 | 0.572 | 0.859 | 0.165 |

## 水泥砂浆配合比参照表

| 项目 | 配合比（1$m^3$水泥砂浆材料用量） | | |
| --- | --- | --- | --- |
| | 水泥32.5（kg） | 粗砂（$m^3$） | 水（$m^3$） |
| 1:2.5水泥砂浆 | 475 | 1.16 | 0.30 |
| 1:3.0水泥砂浆 | 404 | 1.18 | 0.30 |

| 第一部分　井房、井台、井罩 | | | |
| --- | --- | --- | --- |
| 图名 | B型井房（井在外）工程做法、构件表及工程量表 | 图号 | 1-8 |

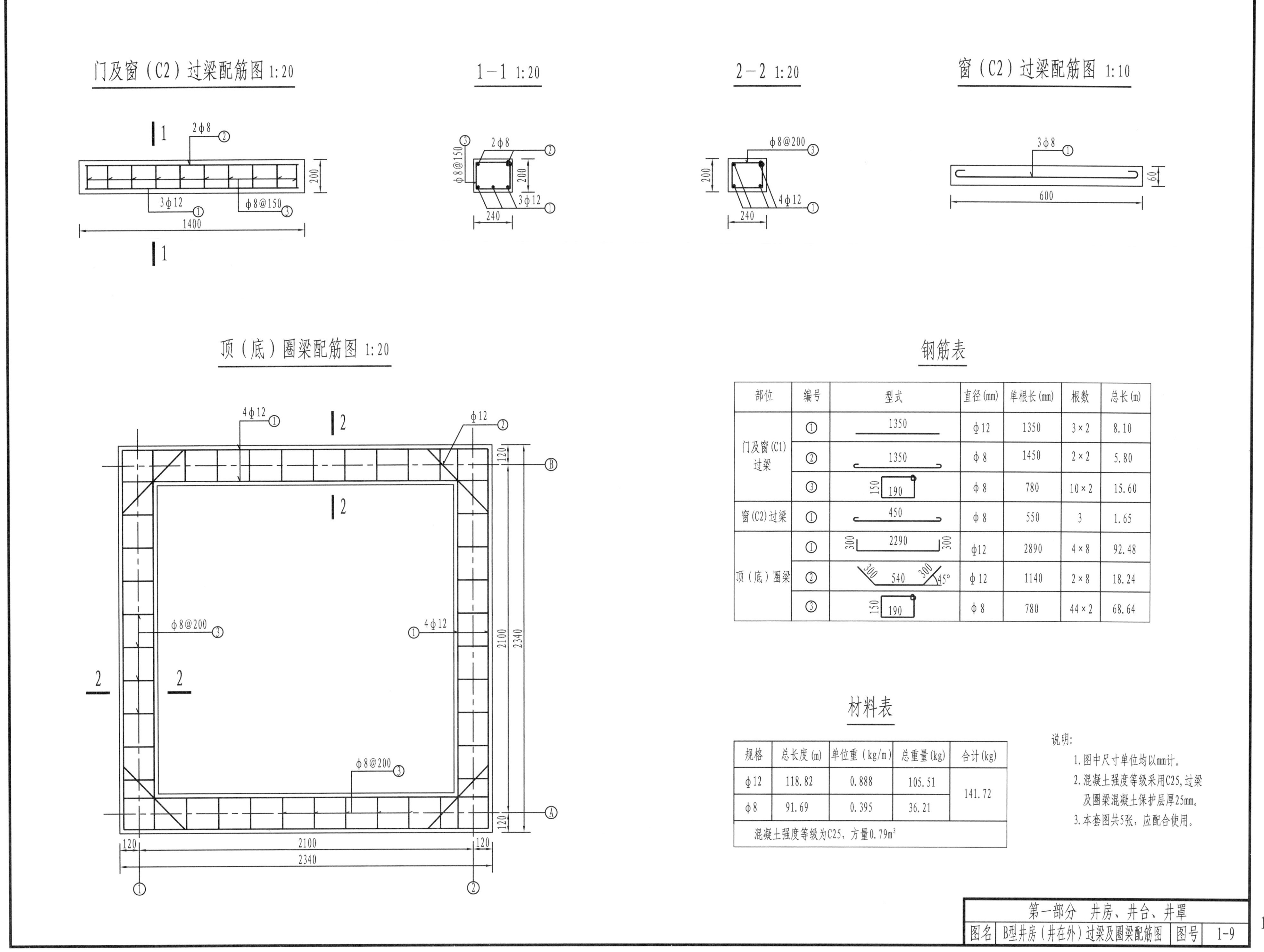


## 钢筋表

| 部位 | 编号 | 型式 | 直径(mm) | 单根长(mm) | 根数 | 总长(m) |
|---|---|---|---|---|---|---|
| 门及窗(C1)过梁 | ① | 1350 | φ12 | 1350 | 3×2 | 8.10 |
| | ② | 1350 | φ8 | 1450 | 2×2 | 5.80 |
| | ③ | 150 190 | φ8 | 780 | 10×2 | 15.60 |
| 窗(C2)过梁 | ① | 450 | φ8 | 550 | 3 | 1.65 |
| 顶（底）圈梁 | ① | 300 2290 300 | φ12 | 2890 | 4×8 | 92.48 |
| | ② | 300 540 300 45° | φ12 | 1140 | 2×8 | 18.24 |
| | ③ | 150 190 | φ8 | 780 | 44×2 | 68.64 |

## 材料表

| 规格 | 总长度(m) | 单位重（kg/m） | 总重量(kg) | 合计(kg) |
|---|---|---|---|---|
| φ12 | 118.82 | 0.888 | 105.51 | 141.72 |
| φ8 | 91.69 | 0.395 | 36.21 | |
| 混凝土强度等级为C25，方量0.79m³ | | | | |

说明：

1. 图中尺寸单位均以mm计。
2. 混凝土强度等级采用C25，过梁及圈梁混凝土保护层厚25mm。
3. 本套图共5张，应配合使用。

| 第一部分　井房、井台、井罩 | | | |
|---|---|---|---|
| 图名 | B型井房（井在外）过梁及圈梁配筋图 | 图号 | 1-9 |

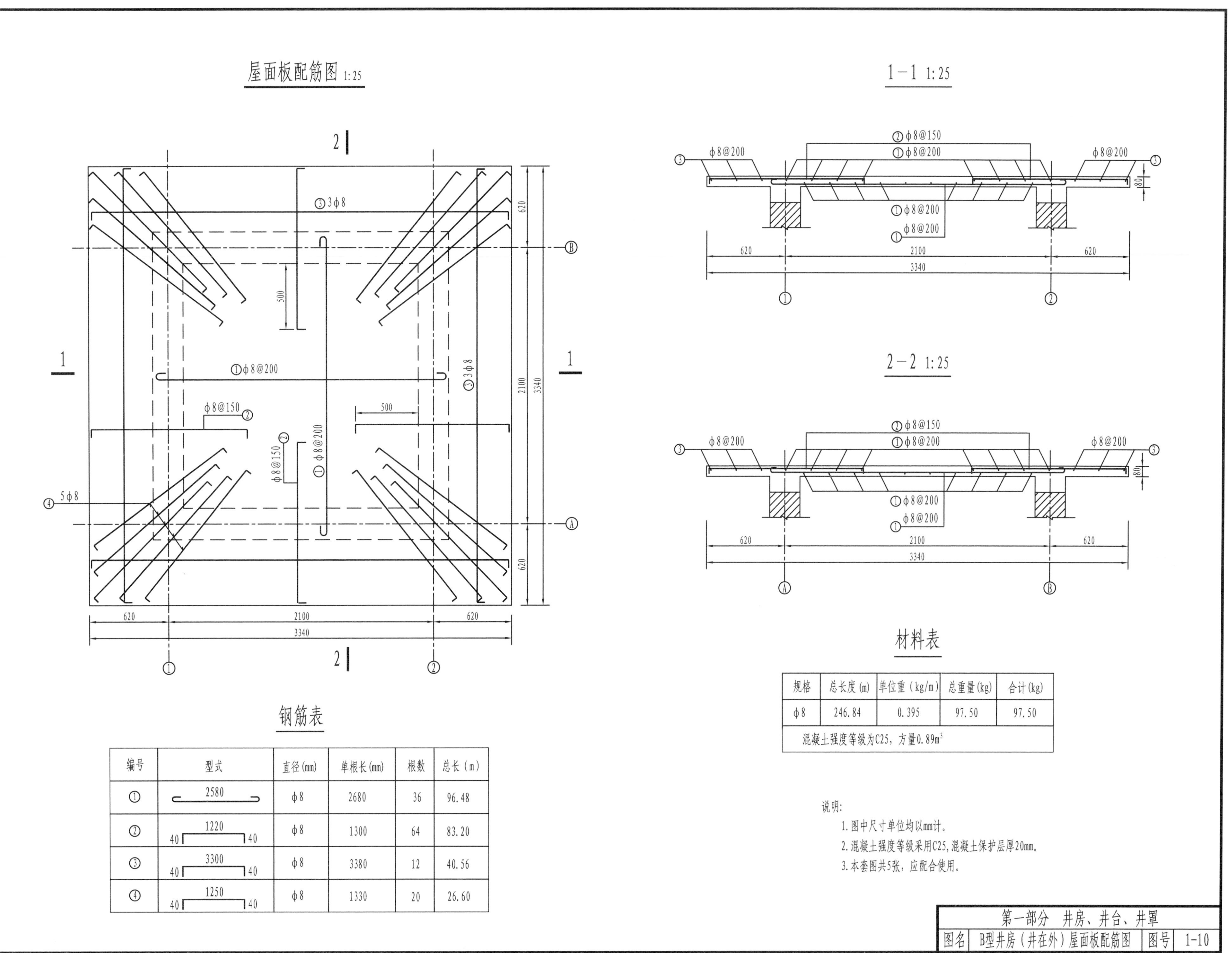


## 钢筋表

| 编号 | 型式 | 直径(mm) | 单根长(mm) | 根数 | 总长(m) |
|---|---|---|---|---|---|
| ① | 2580 | φ8 | 2680 | 36 | 96.48 |
| ② | 40 1220 40 | φ8 | 1300 | 64 | 83.20 |
| ③ | 40 3300 40 | φ8 | 3380 | 12 | 40.56 |
| ④ | 40 1250 40 | φ8 | 1330 | 20 | 26.60 |

## 材料表

| 规格 | 总长度(m) | 单位重(kg/m) | 总重量(kg) | 合计(kg) |
|---|---|---|---|---|
| φ8 | 246.84 | 0.395 | 97.50 | 97.50 |
| 混凝土强度等级为C25，方量0.89m³ | | | | |

说明:

1. 图中尺寸单位均以mm计。
2. 混凝土强度等级采用C25，混凝土保护层厚20mm。
3. 本套图共5张，应配合使用。

| 第一部分 井房、井台、井罩 | | | |
|---|---|---|---|
| 图名 | B型井房（井在外）屋面板配筋图 | 图号 | 1-10 |

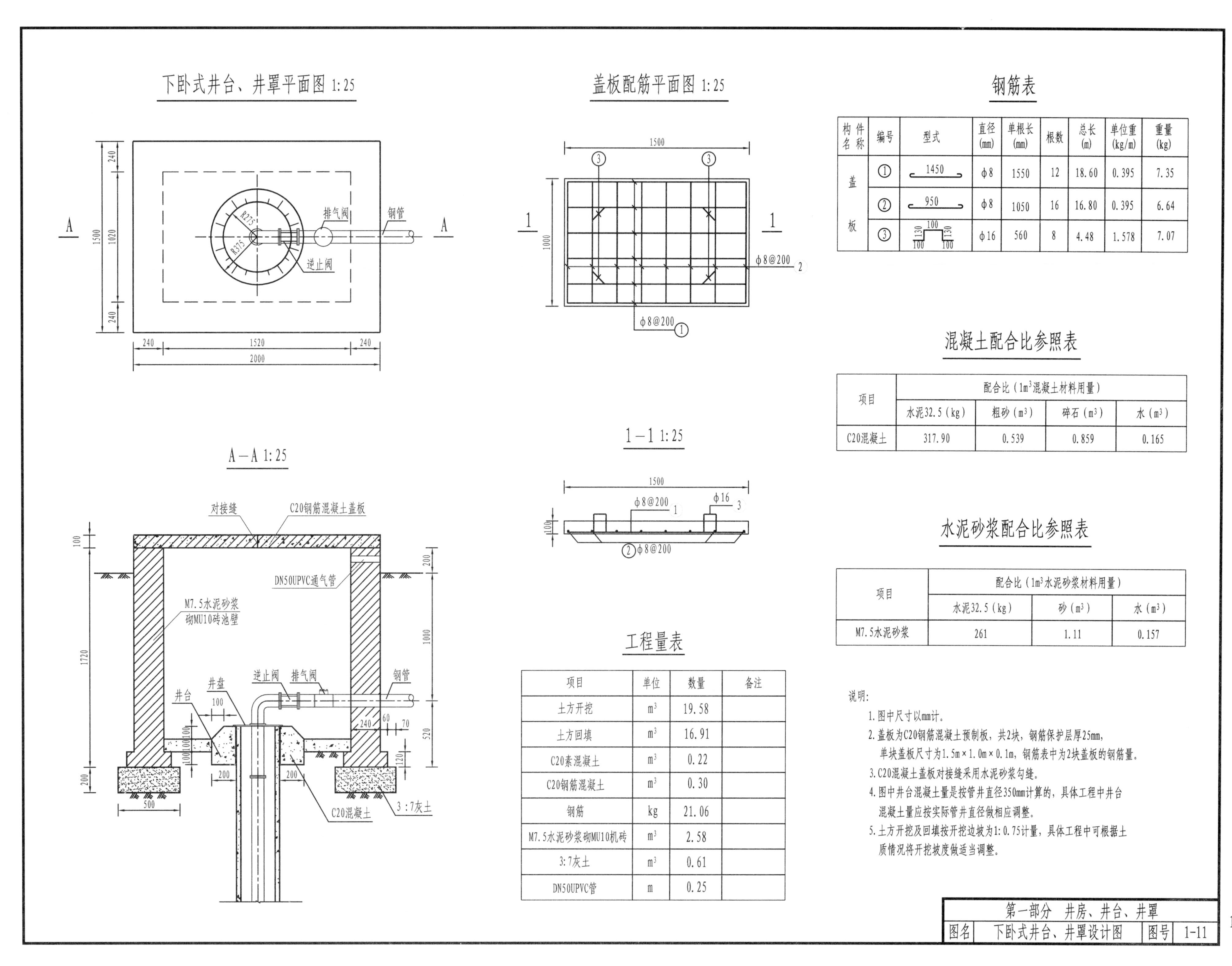


# 钢筋表

| 构件名称 | 编号 | 型式 | 直径(mm) | 单根长(mm) | 根数 | 总长(m) | 单位重(kg/m) | 重量(kg) |
|---|---|---|---|---|---|---|---|---|
| 盖板 | ① | 1450 | ϕ8 | 1550 | 12 | 18.60 | 0.395 | 7.35 |
| | ② | 950 | ϕ8 | 1050 | 16 | 16.80 | 0.395 | 6.64 |
| | ③ | 100 130 100 130 100 | ϕ16 | 560 | 8 | 4.48 | 1.578 | 7.07 |

# 混凝土配合比参照表

| 项目 | 配合比（1m³混凝土材料用量） | | | |
|---|---|---|---|---|
| | 水泥32.5（kg） | 粗砂（m³） | 碎石（m³） | 水（m³） |
| C20混凝土 | 317.90 | 0.539 | 0.859 | 0.165 |

# 水泥砂浆配合比参照表

| 项目 | 配合比（1m³水泥砂浆材料用量） | | |
|---|---|---|---|
| | 水泥32.5（kg） | 砂（m³） | 水（m³） |
| M7.5水泥砂浆 | 261 | 1.11 | 0.157 |

# 工程量表

| 项目 | 单位 | 数量 | 备注 |
|---|---|---|---|
| 土方开挖 | m³ | 19.58 | |
| 土方回填 | m³ | 16.91 | |
| C20素混凝土 | m³ | 0.22 | |
| C20钢筋混凝土 | m³ | 0.30 | |
| 钢筋 | kg | 21.06 | |
| M7.5水泥砂浆砌MU10机砖 | m³ | 2.58 | |
| 3:7灰土 | m³ | 0.61 | |
| DN50UPVC管 | m | 0.25 | |

说明:

1. 图中尺寸以mm计。
2. 盖板为C20钢筋混凝土预制板，共2块，钢筋保护层厚25mm，单块盖板尺寸为1.5m×1.0m×0.1m，钢筋表中为2块盖板的钢筋量。
3. C20混凝土盖板对接缝采用水泥砂浆勾缝。
4. 图中井台混凝土量是按管井直径350mm计算的，具体工程中井台混凝土量应按实际管井直径做相应调整。
5. 土方开挖及回填按开挖边坡为1:0.75计量，具体工程中可根据土质情况将开挖坡度做适当调整。

| 第一部分　井房、井台、井罩 | | | |
|---|---|---|---|
| 图名 | 下卧式井台、井罩设计图 | 图号 | 1-11 |

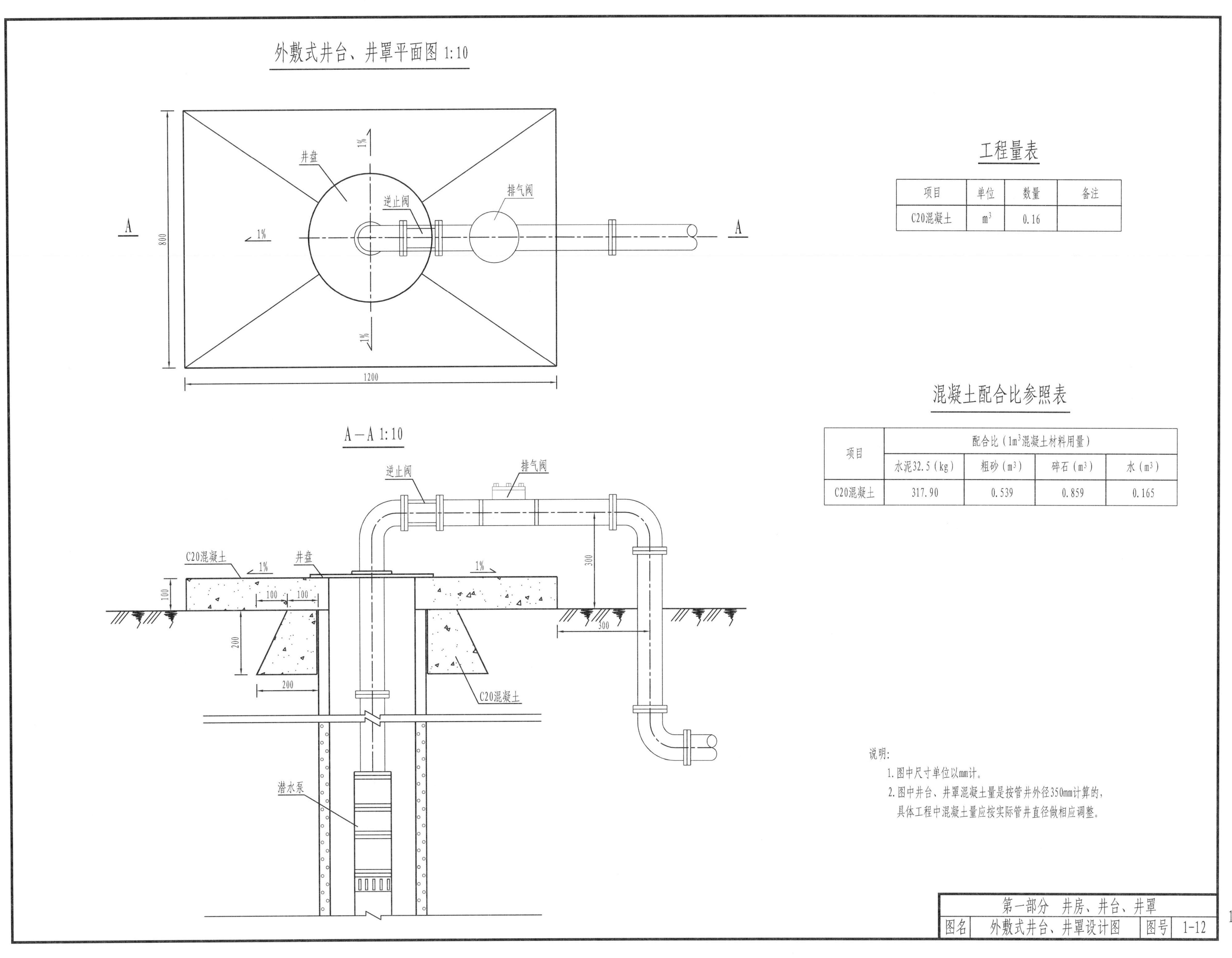


## 工程量表

| 项目 | 单位 | 数量 | 备注 |
|---|---|---|---|
| C20混凝土 | $m^3$ | 0.16 | |

## 混凝土配合比参照表

| 项目 | 配合比（$1m^3$混凝土材料用量） | | | |
|---|---|---|---|---|
| | 水泥32.5（kg） | 粗砂（$m^3$） | 碎石（$m^3$） | 水（$m^3$） |
| C20混凝土 | 317.90 | 0.539 | 0.859 | 0.165 |

说明：

1. 图中尺寸单位以mm计。
2. 图中井台、井罩混凝土量是按管井外径350mm计算的，具体工程中混凝土量应按实际管井直径做相应调整。

| 第一部分　井房、井台、井罩 | | | |
|---|---|---|---|
| 图名 | 外敷式井台、井罩设计图 | 图号 | 1-12 |

井台字样效果图

| 第一部分 井房、井台、井罩 | | | |
| --- | --- | --- | --- |
| 图名 | 井台字样效果图 | 图号 | 1-13 |

## 井台字样平面示意图

××县××村

机井编号：×××

成井时间：
××××年×月×日

井深：×m

水泵型号：
××××××

井口高程：×m

经度：×° ×′ ×″

纬度：×° ×′ ×″

说明：

1. 机井编号按2007年机井普查编号喷涂，如新井按机井编号规则进行编号。
2. 图中水徽选用蓝色，其余选用红色。

| 第一部分 井房、井台、井罩 | | | |
|---|---|---|---|
| 图名 | 井台字样平面示意图 | 图号 | 1-14 |

# 第二部分　管灌给水栓防冲池

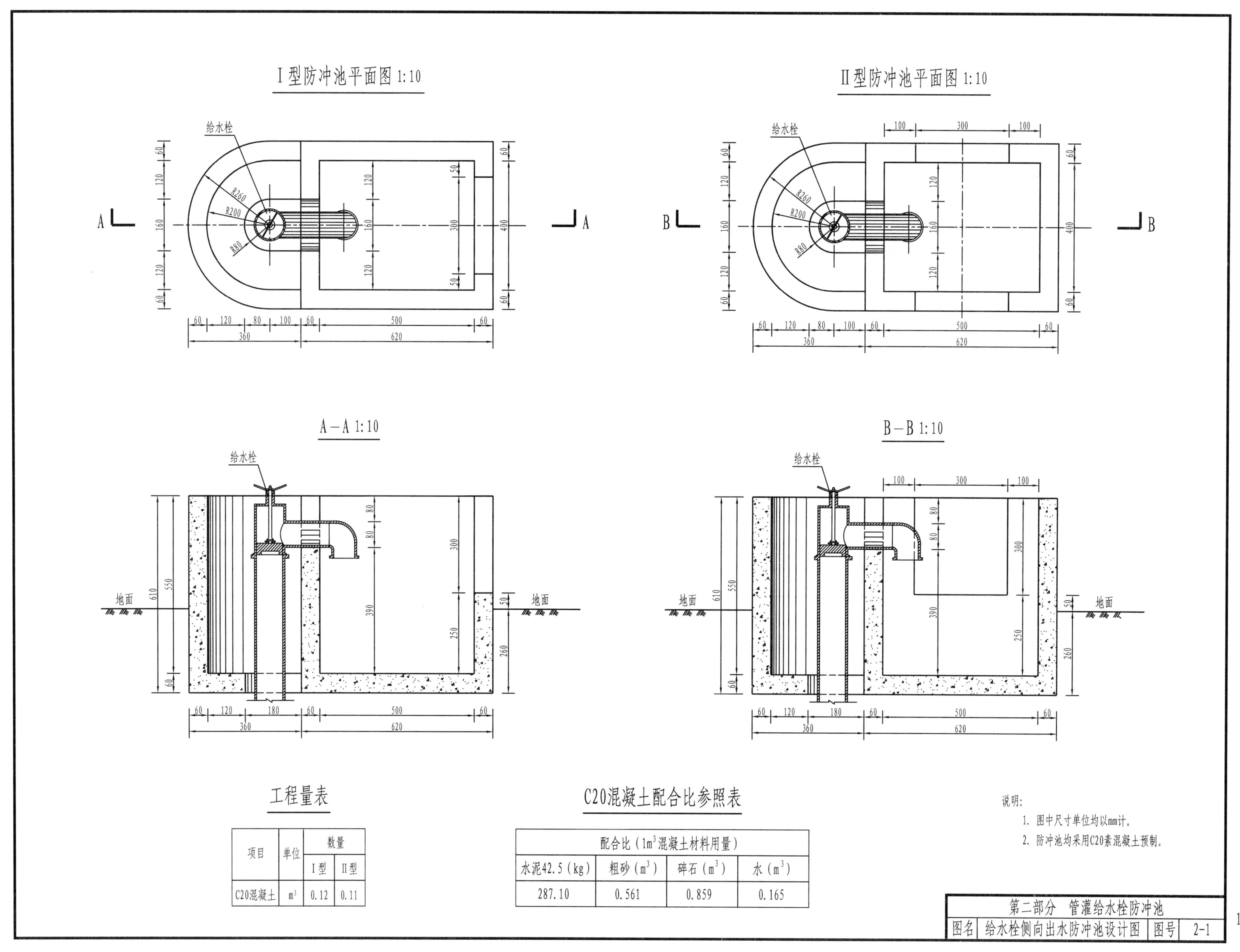


## 工程量表

| 项目 | 单位 | 数量 | |
|---|---|---|---|
| | | I型 | II型 |
| C20混凝土 | $m^3$ | 0.12 | 0.11 |

## C20混凝土配合比参照表

| 配合比（$1m^3$混凝土材料用量） | | | |
|---|---|---|---|
| 水泥42.5（kg） | 粗砂（$m^3$） | 碎石（$m^3$） | 水（$m^3$） |
| 287.10 | 0.561 | 0.859 | 0.165 |

说明：

1. 图中尺寸单位均以mm计。
2. 防冲池均采用C20素混凝土预制。

| 第二部分　管灌给水栓防冲池 | | | |
|---|---|---|---|
| 图名 | 给水栓侧向出水防冲池设计图 | 图号 | 2-1 |

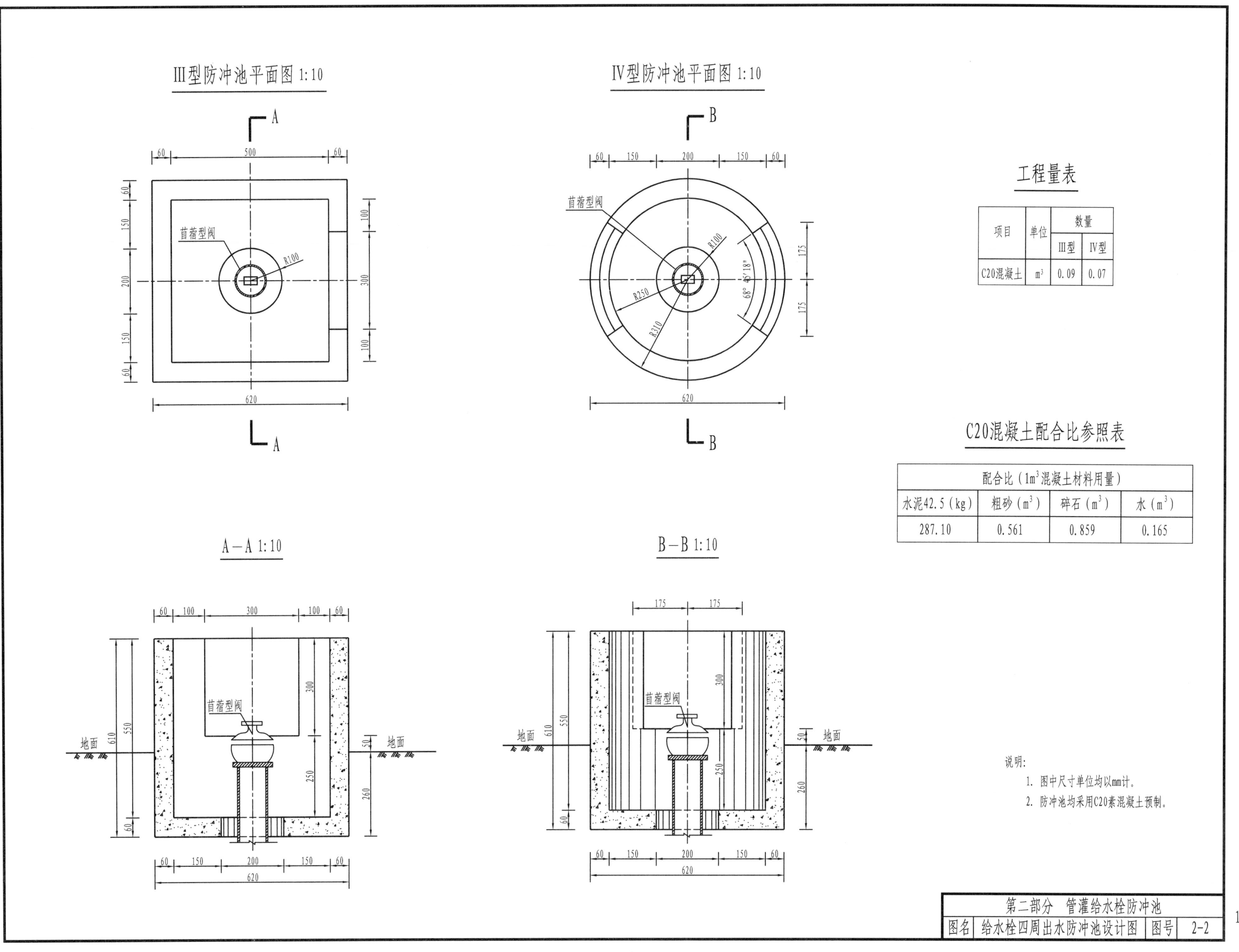


## 工程量表

| 项目 | 单位 | 数量 | |
|---|---|---|---|
| | | Ⅲ型 | Ⅳ型 |
| C20混凝土 | $m^3$ | 0.09 | 0.07 |

## C20混凝土配合比参照表

| 配合比（$1m^3$混凝土材料用量） | | | |
|---|---|---|---|
| 水泥42.5（kg） | 粗砂（$m^3$） | 碎石（$m^3$） | 水（$m^3$） |
| 287.10 | 0.561 | 0.859 | 0.165 |

说明：

1. 图中尺寸单位均以mm计。
2. 防冲池均采用C20素混凝土预制。



图名　给水栓四周出水防冲池设计图　图号　2-2

# 第三部分　小型 U 型渠道及建筑物

# 混凝土U型渠道不同直径、比降的水力要素表

| U型渠型号 | U型渠道断面 | | | 混凝土衬砌 | | 水力要素 | | | | | 不同比降的流速 $v$ (m/s)、流量 $Q$ (L/s) | | | | | | | | | | | | | | | | | | | |
|---|---|---|---|---|---|---|---|---|---|---|---|---|---|---|---|---|---|---|---|---|---|---|---|---|---|---|---|---|---|---|
| | 直径 $D$(cm) | 渠深 $H$(cm) | 倾角 $a$(°) | 厚度 (cm) | 工程量 (m³/m) | 设计水深 $h$(cm) | 面积 $A$(m²) | 湿周 $x$(m) | 水力半径 $R$(m) | 糙率 $n$ | 1/100 | | 1/200 | | 1/300 | | 1/400 | | 1/500 | | 1/600 | | 1/700 | | 1/800 | | 1/900 | | 1/1000 | |
| | | | | | | | | | | | $v$ | $Q$ | $v$ | $Q$ | $v$ | $Q$ | $v$ | $Q$ | $v$ | $Q$ | $v$ | $Q$ | $v$ | $Q$ | $v$ | $Q$ | $v$ | $Q$ | $v$ | $Q$ |
| U30 | 30 | 30 | 8.5 | 6 | 0.056 | 20 | 0.051 | 0.573 | 0.089 | 0.015 | 1.33 | 68 | 0.94 | 48 | 0.77 | 39 | 0.66 | 34 | 0.59 | 30 | 0.54 | 28 | 0.50 | 26 | 0.47 | 24 | 0.44 | 23 | 0.42 | 21 |
| U40 | 40 | 40 | 8.5 | 6 | 0.072 | 30 | 0.105 | 0.831 | 0.126 | 0.015 | 1.68 | 176 | 1.19 | 124 | 0.97 | 101 | 0.84 | 88 | 0.75 | 79 | 0.68 | 72 | 0.63 | 66 | 0.59 | 62 | 0.56 | 59 | 0.53 | 56 |
| U50 | 50 | 50 | 8.5 | 6 | 0.087 | 40 | 0.177 | 1.089 | 0.163 | 0.015 | 1.99 | 353 | 1.41 | 249 | 1.15 | 204 | 0.99 | 176 | 0.89 | 158 | 0.81 | 144 | 0.75 | 133 | 0.70 | 125 | 0.66 | 118 | 0.63 | 112 |
| U60-1 | 60 | 60 | 10 | 6 | 0.103 | 45 | 0.237 | 1.248 | 0.190 | 0.015 | 2.20 | 522 | 1.56 | 369 | 1.27 | 301 | 1.10 | 261 | 0.98 | 233 | 0.90 | 213 | 0.83 | 197 | 0.78 | 184 | 0.73 | 174 | 0.70 | 165 |
| U60-2 | 60 | 60 | 10 | 8 | 0.142 | | | | | | | | | | | | | | | | | | | | | | | | | |
| U70 | 70 | 70 | 12 | 8 | 0.163 | 55 | 0.344 | 1.511 | 0.228 | 0.015 | 2.49 | 857 | 1.76 | 606 | 1.44 | 495 | 1.24 | 428 | 1.11 | 383 | 1.02 | 350 | 0.94 | 324 | 0.88 | 303 | 0.83 | 286 | 0.79 | 271 |
| U80 | 80 | 80 | 12 | 8 | 0.184 | 65 | 0.470 | 1.770 | 0.265 | 0.015 | — | — | 1.95 | 914 | 1.59 | 746 | 1.38 | 646 | 1.23 | 578 | 1.12 | 528 | 1.04 | 488 | 0.97 | 457 | 0.92 | 431 | 0.87 | 409 |
| U100-1 | 100 | 100 | 14 | 8 | 0.226 | 80 | 0.726 | 2.194 | 0.331 | 0.015 | — | — | — | — | — | — | — | — | 1.43 | 1034 | 1.30 | 944 | 1.20 | 874 | 1.13 | 818 | 1.06 | 771 | 1.01 | 731 |
| U100-2 | 100 | 100 | 14 | 10 | 0.288 | | | | | | | | | | | | | | | | | | | | | | | | | |

| U型渠型号 | U型渠道断面 | | | 混凝土衬砌 | | 水力要素 | | | | | 不同比降的流速 $v$ (m/s)、流量 $Q$ (L/s) | | | | | | | | | | | | | | | | | | | |
|---|---|---|---|---|---|---|---|---|---|---|---|---|---|---|---|---|---|---|---|---|---|---|---|---|---|---|---|---|---|---|
| | 直径 $D$(cm) | 渠深 $H$(cm) | 倾角 $a$(°) | 厚度 (cm) | 工程量 (m³/m) | 设计水深 $h$(cm) | 面积 $A$(m²) | 湿周 $x$(m) | 水力半径 $R$(m) | 糙率 $n$ | 1/1200 | | 1/1500 | | 1/2000 | | 1/2500 | | 1/3000 | | 1/3500 | | 1/4000 | | 1/4500 | | 1/5000 | | 1/5500 | |
| | | | | | | | | | | | $v$ | $Q$ | $v$ | $Q$ | $v$ | $Q$ | $v$ | $Q$ | $v$ | $Q$ | $v$ | $Q$ | $v$ | $Q$ | $v$ | $Q$ | $v$ | $Q$ | $v$ | $Q$ |
| U30 | 30 | 30 | 8.5 | 6 | 0.056 | 20 | 0.051 | 0.573 | 0.089 | 0.015 | 0.38 | 20 | 0.34 | 17 | 0.30 | 15 | 0.27 | 14 | 0.24 | 12 | 0.22 | 11 | 0.21 | 11 | 0.20 | 10 | 0.19 | 10 | 0.18 | 9 |
| U40 | 40 | 40 | 8.5 | 6 | 0.072 | 30 | 0.105 | 0.831 | 0.126 | 0.015 | 0.48 | 51 | 0.43 | 45 | 0.37 | 39 | 0.34 | 35 | 0.31 | 32 | 0.28 | 30 | 0.27 | 28 | 0.25 | 26 | 0.24 | 25 | 0.23 | 24 |
| U50 | 50 | 50 | 8.5 | 6 | 0.087 | 40 | 0.177 | 1.089 | 0.163 | 0.015 | 0.57 | 102 | 0.51 | 91 | 0.44 | 79 | 0.40 | 71 | 0.36 | 64 | 0.34 | 60 | 0.31 | 56 | 0.30 | 53 | 0.28 | 50 | 0.27 | 48 |
| U60-1 | 60 | 60 | 10 | 6 | 0.103 | 45 | 0.237 | 1.248 | 0.190 | 0.015 | 0.64 | 151 | 0.57 | 135 | 0.49 | 117 | 0.44 | 104 | 0.40 | 95 | 0.37 | 88 | 0.35 | 82 | 0.33 | 78 | 0.31 | 74 | 0.30 | 70 |
| U60-2 | 60 | 60 | 10 | 8 | 0.142 | | | | | | | | | | | | | | | | | | | | | | | | | |
| U70 | 70 | 70 | 12 | 8 | 0.163 | 55 | 0.344 | 1.511 | 0.228 | 0.015 | 0.72 | 247 | 0.64 | 221 | 0.56 | 192 | 0.50 | 171 | 0.45 | 156 | 0.42 | 145 | 0.39 | 136 | 0.37 | 128 | 0.35 | 121 | 0.34 | 116 |
| U80 | 80 | 80 | 12 | 8 | 0.184 | 65 | 0.470 | 1.770 | 0.265 | 0.015 | 0.79 | 373 | 0.71 | 334 | 0.62 | 289 | 0.55 | 258 | 0.50 | 236 | 0.47 | 218 | 0.44 | 204 | 0.41 | 193 | 0.39 | 183 | 0.37 | 174 |
| U100-1 | 100 | 100 | 14 | 8 | 0.226 | 80 | 0.726 | 2.194 | 0.331 | 0.015 | 0.92 | 668 | 0.82 | 597 | 0.71 | 517 | 0.64 | 463 | 0.58 | 422 | 0.54 | 391 | 0.50 | 366 | 0.48 | 345 | 0.45 | 327 | 0.43 | 312 |
| U100-2 | 100 | 100 | 14 | 10 | 0.288 | | | | | | | | | | | | | | | | | | | | | | | | | |

说明:

1、渠道水力计算采用明渠均匀流公式计算，$Q=AC\sqrt{Ri}$。

式中：$Q$—设计流量，m³/s；$A$—过水断面积，m²；$C$—谢才系数，$C=\frac{1}{n}R^{1/6}$；$R$—水力半径，m；$n$—糙率；$i$—渠道比降。

## D30U型渠道衬砌横剖面图

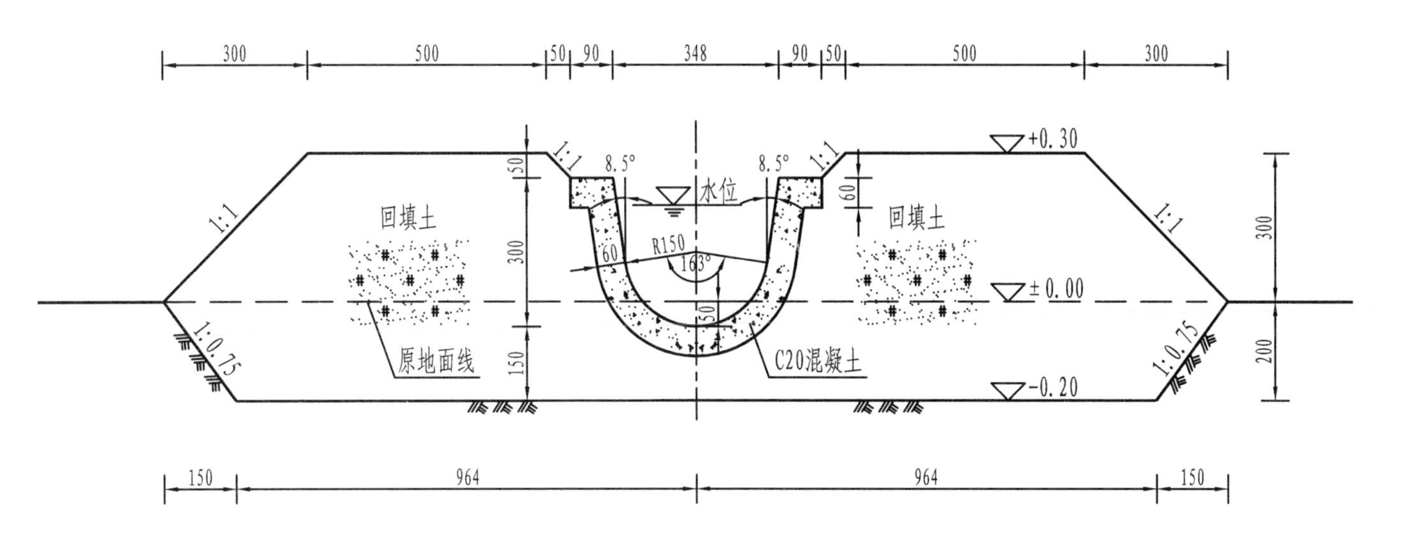


## 伸缩缝大样图

迎水面

1:1:4沥青砂浆

20

30

60

C20混凝土

## 单米渠长工程量及材料表

| 编号 | 项目 | 单位 | 数量 |
|---|---|---|---|
| 一 | 土方开挖 | m³ | 0.415 |
| 二 | 土方回填 | m³ | 0.994 |
| 三 | U型槽开挖 | m³ | 0.169 |
| 四 | C20混凝土 | m³ | 0.056 |
| 其中材料 | 水泥42.5 | kg | 16.078 |
| | 砂 | m³ | 0.032 |
| | 碎石 | m³ | 0.048 |
| 五 | 沥青砂浆 | m³ | 0.000164 |
| 其中材料 | 沥青 | kg | 0.0383 |
| | 水泥42.5 | kg | 0.0383 |
| | 砂 | m³ | 0.000096 |
| 六 | 水泥浆抹面 | m² | 0.955 |
| 其中材料 | 水泥42.5 | kg | 2.865 |

## C20混凝土配合比参照表

| 配合比（1m³混凝土材料用量） | | | |
|---|---|---|---|
| 水泥42.5（kg） | 粗砂（m³） | 碎石（m³） | 水（m³） |
| 287.10 | 0.561 | 0.859 | 0.165 |

## 沥青砂浆配合比参照表

| 配合比（1m³沥青砂浆材料用量） | | |
|---|---|---|
| 沥青（kg） | 水泥（kg） | 砂（m³） |
| 233.60 | 233.60 | 0.584 |

说明：

1. 图中尺寸单位高程以m计，其余均以mm计。
2. 混凝土技术指标：强度等级C20；抗渗等级W4；抗冻等级：温和地区F50，寒冷地区F150，严寒地区F200。
3. 渠道伸缩缝分缝长度为3m。
4. 回填土压实系数不小于0.93。
5. 工序：1）清基，夯实；2）土方回填，夯实；3）U型槽开挖；4）混凝土衬砌；5）渠道断面整修。
6. 工程量表中土方开挖及回填工程量是按地面水平及渠道清基20cm的标准计算的，具体工程设计及施工应按现场实际地面线进行计算；混凝土工程量和材料用量为按现浇混凝土计算的工程量和材料用量。

| 第三部分　小型U型渠道及建筑物 | | | |
|---|---|---|---|
| 图名 | D30U型渠道设计图（衬砌厚度60mm） | 图号 | 3-2 |

## D40U型渠道衬砌横剖面图

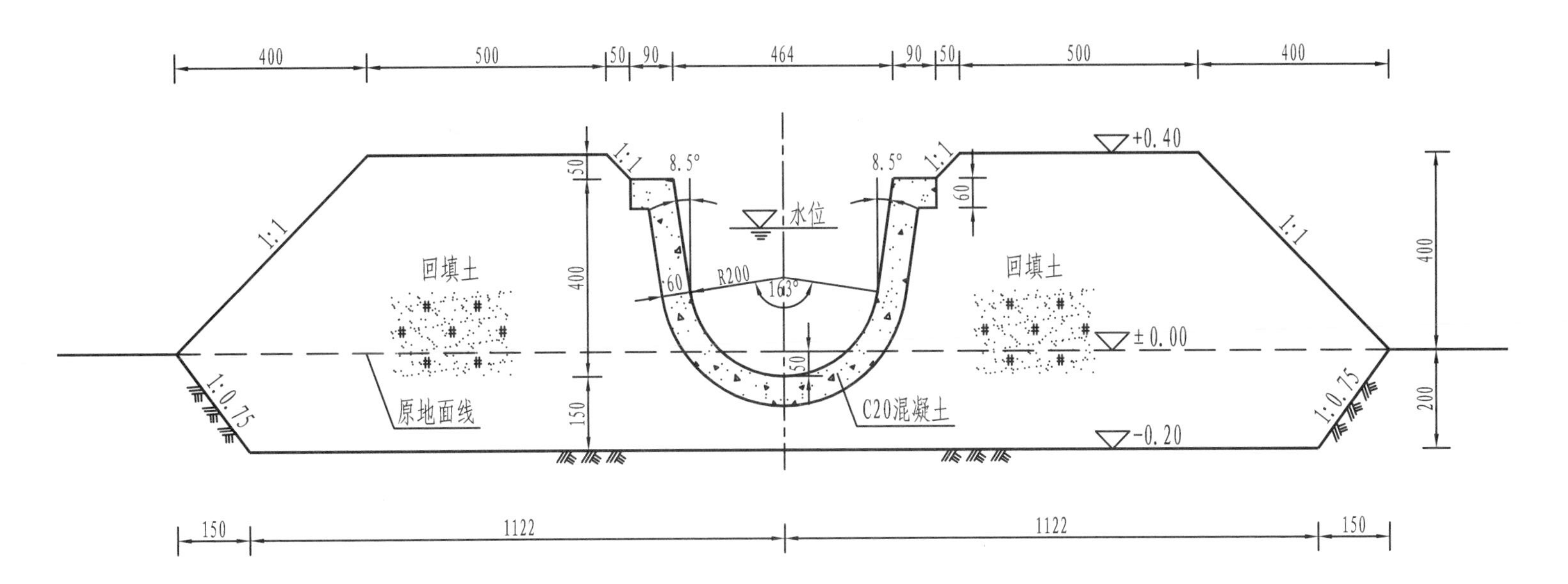


## 伸缩缝大样图

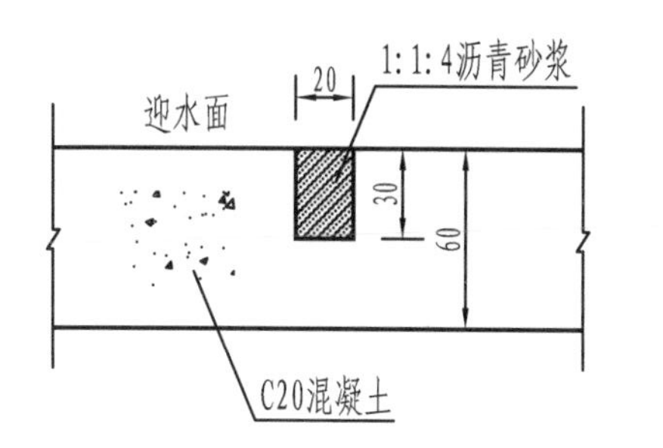


## 单米渠长工程量及材料表

| 编号 | 项目 | 单位 | 数量 |
|---|---|---|---|
| 一 | 土方开挖 | $m^3$ | 0.479 |
| 二 | 土方回填 | $m^3$ | 1.336 |
| 三 | U型槽开挖 | $m^3$ | 0.256 |
| 四 | C20混凝土 | $m^3$ | 0.072 |
| 其中材料 | 水泥42.5 | kg | 20.671 |
| | 砂 | $m^3$ | 0.040 |
| | 碎石 | $m^3$ | 0.062 |
| 五 | 沥青砂浆 | $m^3$ | 0.000216 |
| 其中材料 | 沥青 | kg | 0.0504 |
| | 水泥42.5 | kg | 0.0504 |
| | 砂 | $m^3$ | 0.000126 |
| 六 | 水泥浆抹面 | $m^2$ | 1.212 |
| 其中材料 | 水泥42.5 | kg | 3.636 |

## C20混凝土配合比参照表

| 配合比（$1m^3$混凝土材料用量） | | | |
|---|---|---|---|
| 水泥42.5（kg） | 粗砂（$m^3$） | 碎石（$m^3$） | 水（$m^3$） |
| 287.10 | 0.561 | 0.859 | 0.165 |

## 沥青砂浆配合比参照表

| 配合比（$1m^3$沥青砂浆材料用量） | | |
|---|---|---|
| 沥青（kg） | 水泥（kg） | 砂（$m^3$） |
| 233.60 | 233.60 | 0.584 |

说明：

1. 图中尺寸单位高程以m计，其余均以mm计。
2. 混凝土技术指标：强度等级C20；抗渗等级W4；抗冻等级：温和地区F50，寒冷地区F150，严寒地区F200。
3. 渠道伸缩缝分缝长度为3m。
4. 回填土压实系数不小于0.93。
5. 工序：1）清基，夯实；2）土方回填，夯实；3）U型槽开挖；4）混凝土衬砌；5）渠道断面整修。
6. 工程量表中土方开挖及回填工程量是按地面水平及渠道清基20cm的标准计算的，具体工程设计及施工应按现场实际地面线进行计算；混凝土工程量和材料用量为按现浇混凝土计算的工程量和材料用量。

| 第三部分　小型U型渠道及建筑物 | | | |
|---|---|---|---|
| 图名 | D40U型渠道设计图（衬砌厚度60mm） | 图号 | 3-3 |

## D50U型渠道衬砌横剖面图

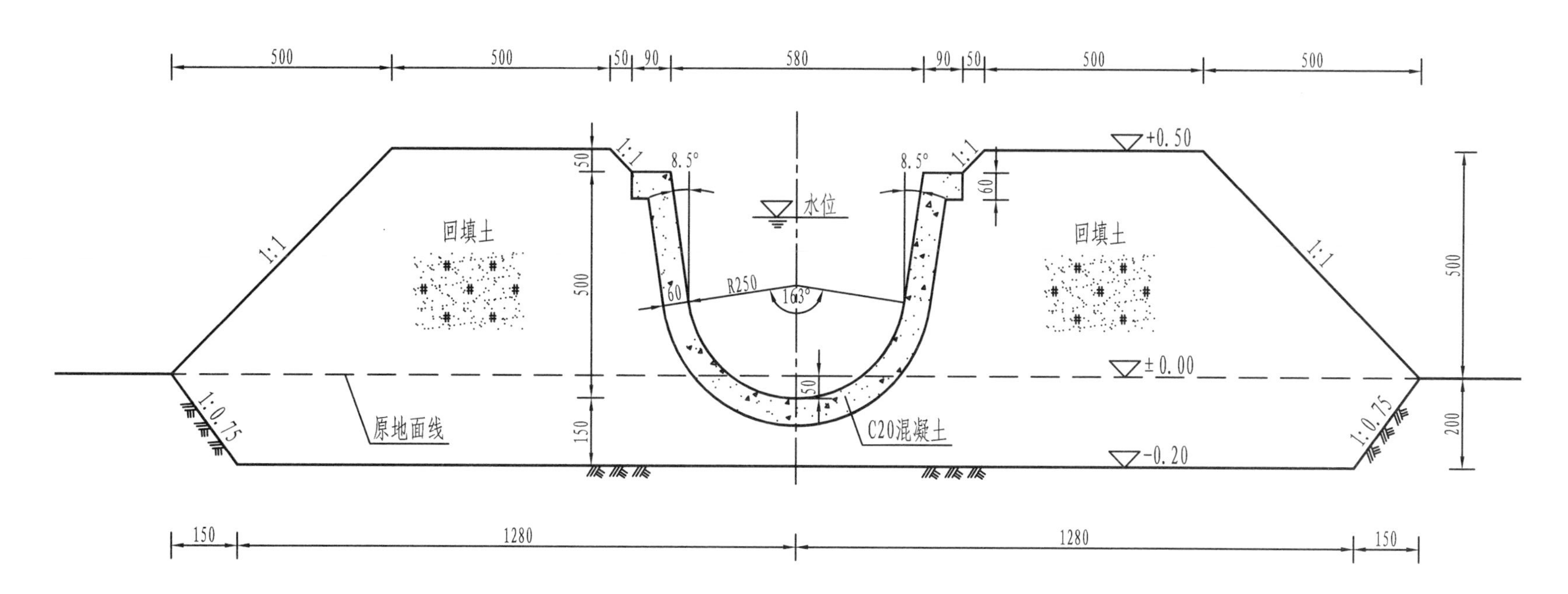


## 伸缩缝大样图

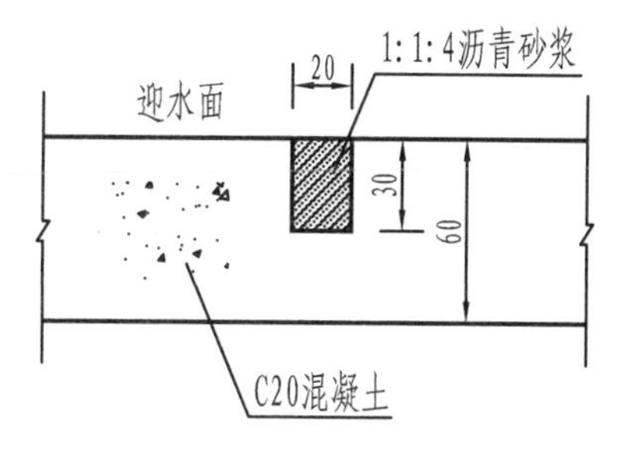


## 单米渠长工程量及材料表

| 编号 | 项目 | 单位 | 数量 |
|---|---|---|---|
| 一 | 土方开挖 | m³ | 0.542 |
| 二 | 土方回填 | m³ | 1.722 |
| 三 | U型槽开挖 | m³ | 0.361 |
| 四 | C20混凝土 | m³ | 0.087 |
| 其中材料 | 水泥42.5 | kg | 24.978 |
|  | 砂 | m³ | 0.049 |
|  | 碎石 | m³ | 0.075 |
| 五 | 沥青砂浆 | m³ | 0.000268 |
| 其中材料 | 沥青 | kg | 0.0625 |
|  | 水泥42.5 | kg | 0.0625 |
|  | 砂 | m³ | 0.000156 |
| 六 | 水泥浆抹面 | m² | 1.471 |
| 其中材料 | 水泥42.5 | kg | 4.413 |

## C20混凝土配合比参照表

| 配合比（1m³混凝土材料用量） | | | |
|---|---|---|---|
| 水泥42.5（kg） | 粗砂（m³） | 碎石（m³） | 水（m³） |
| 287.10 | 0.561 | 0.859 | 0.165 |

## 沥青砂浆配合比参照表

| 配合比（1m³沥青砂浆材料用量） | | |
|---|---|---|
| 沥青（kg） | 水泥（kg） | 砂（m³） |
| 233.60 | 233.60 | 0.584 |

说明：

1. 图中尺寸单位高程以m计，其余均以mm计。
2. 混凝土技术指标：强度等级C20；抗渗等级W4；抗冻等级：温和地区F50，寒冷地区F150，严寒地区F200。
3. 渠道伸缩缝分缝长度为3m。
4. 回填土压实系数不小于0.93。
5. 工序：1）清基，夯实；2）土方回填，夯实；3）U型槽开挖；4）混凝土衬砌；5）渠道断面整修。
6. 工程量表中土方开挖及回填工程量是按地面水平及渠道清基20cm的标准计算的，具体工程设计及施工应按现场实际地面线进行计算；混凝土工程量和材料用量为按现浇混凝土计算的工程量和材料用量。

| 第三部分　小型U型渠道及建筑物 | | | |
|---|---|---|---|
| 图名 | D50U型渠道设计图（衬砌厚度60mm） | 图号 | 3-4 |

## D60U型渠道衬砌横剖面图

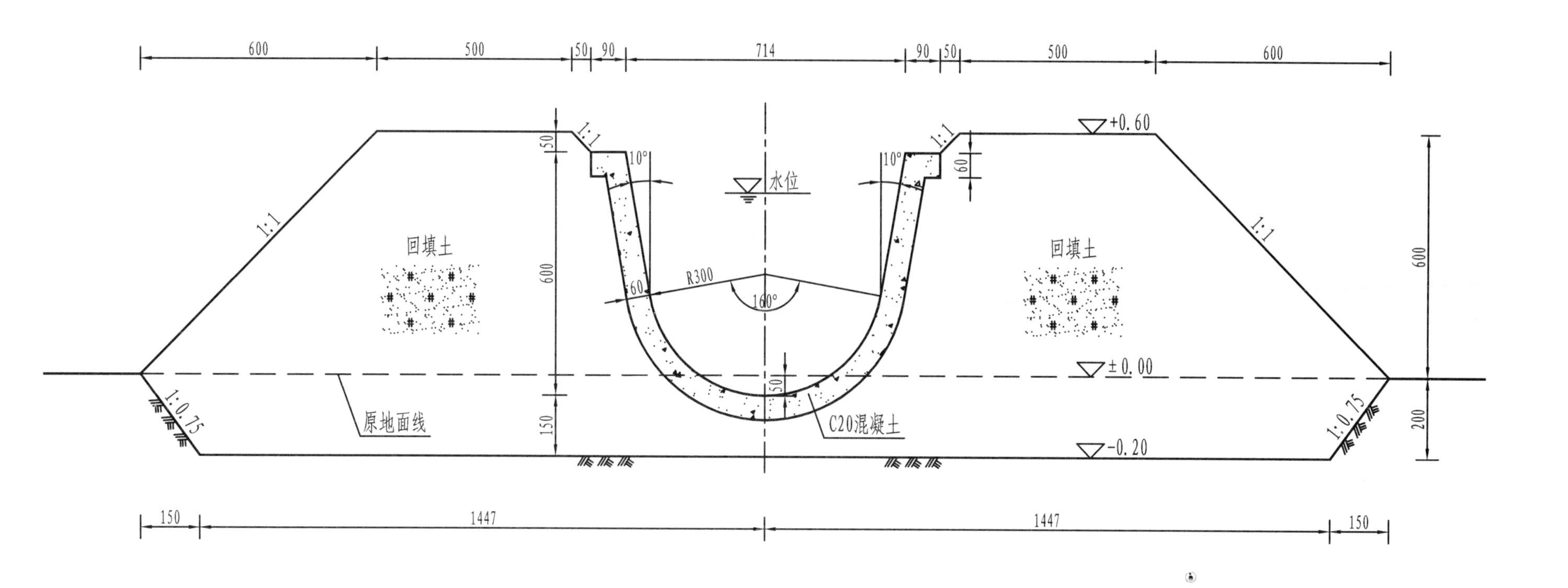


## 伸缩缝大样图



## 单米渠长工程量及材料表

| 编号 | 项目 | 单位 | 数量 |
|---|---|---|---|
| 一 | 土方开挖 | m³ | 0.609 |
| 二 | 土方回填 | m³ | 2.166 |
| 三 | U型槽开挖 | m³ | 0.490 |
| 四 | C20混凝土 | m³ | 0.103 |
| 其中材料 | 水泥42.5 | kg | 29.57 |
| | 砂 | m³ | 0.058 |
| | 碎石 | m³ | 0.088 |
| 五 | 沥青砂浆 | m³ | 0.000320 |
| 其中材料 | 沥青 | kg | 0.0747 |
| | 水泥42.5 | kg | 0.0747 |
| | 砂 | m³ | 0.000187 |
| 六 | 水泥浆抹面 | m² | 1.733 |
| 其中材料 | 水泥42.5 | kg | 5.199 |

## C20混凝土配合比参照表

| 配合比（1m³混凝土材料用量） | | | |
|---|---|---|---|
| 水泥42.5（kg） | 粗砂（m³） | 碎石（m³） | 水（m³） |
| 287.10 | 0.561 | 0.859 | 0.165 |

## 沥青砂浆配合比参照表

| 配合比（1m³沥青砂浆材料用量） | | |
|---|---|---|
| 沥青（kg） | 水泥（kg） | 砂（m³） |
| 233.60 | 233.60 | 0.584 |

说明：

1. 图中尺寸单位高程以m计，其余均以mm计。
2. 混凝土技术指标：强度等级C20；抗渗等级W4；抗冻等级：温和地区F50，寒冷地区F150，严寒地区F200。
3. 渠道伸缩缝分缝长度为3m。
4. 回填土压实系数不小于0.93。
5. 工序：1）清基，夯实；2）土方回填，夯实；3）U型槽开挖；4）混凝土衬砌；5）渠道断面整修。
6. 工程量表中土方开挖及回填工程量是按地面水平及渠道清基20cm的标准计算的，具体工程设计及施工应按现场实际地面线进行计算；混凝土工程量和材料用量为按现浇混凝土计算的工程量和材料用量。

| 第三部分　小型U型渠道及建筑物 | | | |
|---|---|---|---|
| 图名 | D60U型渠道设计图（衬砌厚度60mm） | 图号 | 3-5 |

## D60U型渠道衬砌横剖面图

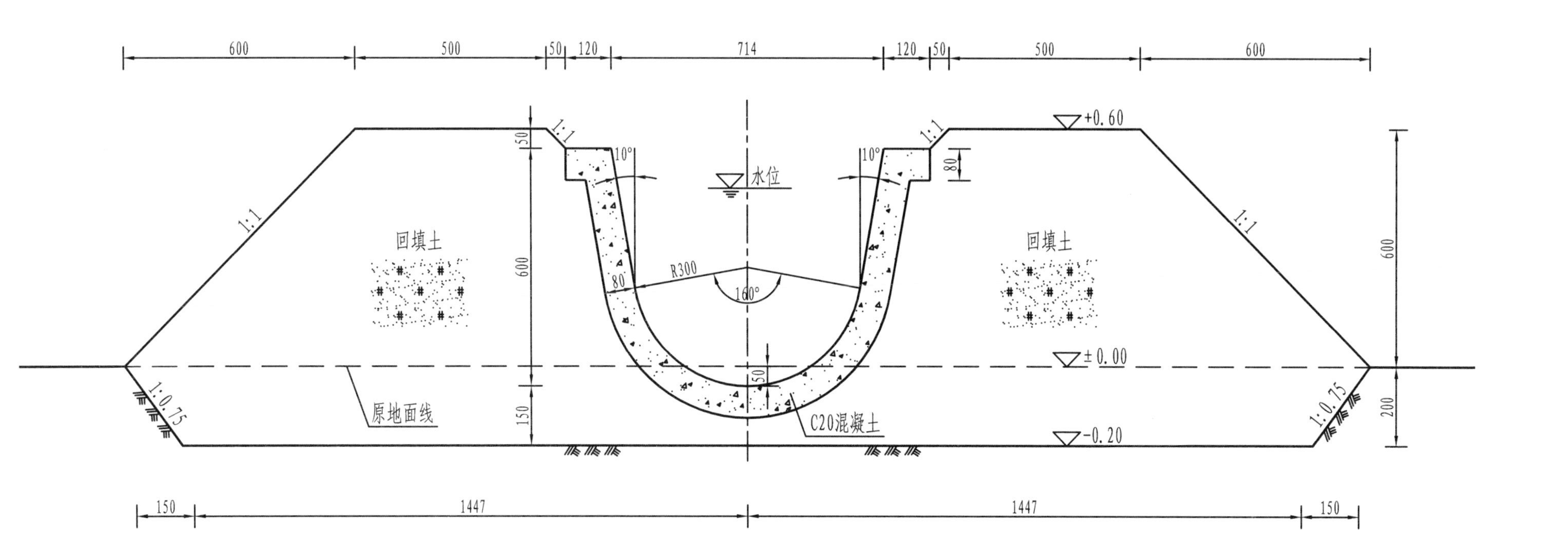


## 伸缩缝大样图



## 单米渠长工程量及材料表

| 编号 | 项目 | 单位 | 数量 |
|---|---|---|---|
| 一 | 土方开挖 | m³ | 0.621 |
| 二 | 土方回填 | m³ | 2.214 |
| 三 | U型槽开挖 | m³ | 0.532 |
| 四 | C20混凝土 | m³ | 0.142 |
| 其中材料 | 水泥42.5 | kg | 40.768 |
| | 砂 | m³ | 0.080 |
| | 碎石 | m³ | 0.122 |
| 五 | 沥青砂浆 | m³ | 0.000431 |
| 其中材料 | 沥青 | kg | 0.1006 |
| | 水泥42.5 | kg | 0.1006 |
| | 砂 | m³ | 0.000252 |
| 六 | 水泥浆抹面 | m² | 1.793 |
| 其中材料 | 水泥42.5 | kg | 5.379 |

## C20混凝土配合比参照表

| 配合比（1m³混凝土材料用量） | | | |
|---|---|---|---|
| 水泥42.5（kg） | 粗砂（m³） | 碎石（m³） | 水（m³） |
| 287.10 | 0.561 | 0.859 | 0.165 |

## 沥青砂浆配合比参照表

| 配合比（1m³沥青砂浆材料用量） | | |
|---|---|---|
| 沥青（kg） | 水泥（kg） | 砂（m³） |
| 233.60 | 233.60 | 0.584 |

说明：

1. 图中尺寸单位高程以m计，其余均以mm计。
2. 混凝土技术指标：强度等级C20；抗渗等级W4；抗冻等级：温和地区F50，寒冷地区F150，严寒地区F200。
3. 渠道伸缩缝分缝长度为3m。
4. 回填土压实系数不小于0.93。
5. 工序：1）清基，夯实；2）土方回填，夯实；3）U型槽开挖；4）混凝土衬砌；5）渠道断面整修。
6. 工程量表中土方开挖及回填工程量是按地面水平及渠道清基20cm的标准计算的，具体工程设计及施工应按现场实际地面线进行计算；混凝土工程量和材料用量为按现浇混凝土计算的工程量和材料用量。

| 第三部分　小型U型渠道及建筑物 | | | |
|---|---|---|---|
| 图名 | D60U型渠道设计图（衬砌厚度80mm） | 图号 | 3-6 |

## D70U型渠道衬砌横剖面图

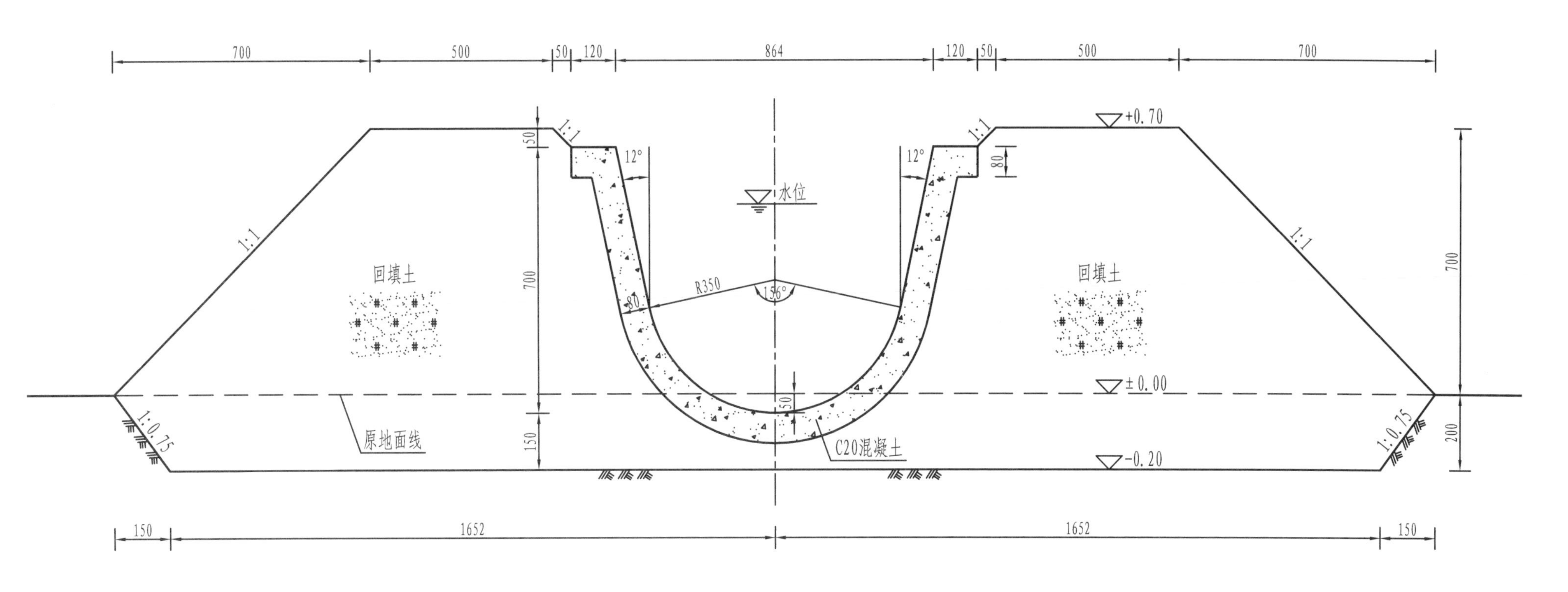


## 单米渠长工程量及材料表

| 编号 | 项目 | 单位 | 数量 |
|---|---|---|---|
| 一 | 土方开挖 | $m^3$ | 0.691 |
| 二 | 土方回填 | $m^3$ | 2.724 |
| 三 | U型槽开挖 | $m^3$ | 0.690 |
| 四 | C20混凝土 | $m^3$ | 0.163 |
| 其中材料 | 水泥42.5 | kg | 46.797 |
|  | 砂 | $m^3$ | 0.091 |
|  | 碎石 | $m^3$ | 0.140 |
| 五 | 沥青砂浆 | $m^3$ | 0.000501 |
| 其中材料 | 沥青 | kg | 0.1171 |
|  | 水泥42.5 | kg | 0.1171 |
|  | 砂 | $m^3$ | 0.000293 |
| 六 | 水泥浆抹面 | $m^2$ | 2.057 |
| 其中材料 | 水泥42.5 | kg | 6.171 |

## C20混凝土配合比参照表

| 配合比（$1m^3$混凝土材料用量） | | | |
|---|---|---|---|
| 水泥42.5（kg） | 粗砂（$m^3$） | 碎石（$m^3$） | 水（$m^3$） |
| 287.10 | 0.561 | 0.859 | 0.165 |

## 沥青砂浆配合比参照表

| 配合比（$1m^3$沥青砂浆材料用量） | | |
|---|---|---|
| 沥青（kg） | 水泥（kg） | 砂（$m^3$） |
| 233.60 | 233.60 | 0.584 |

## 伸缩缝大样图

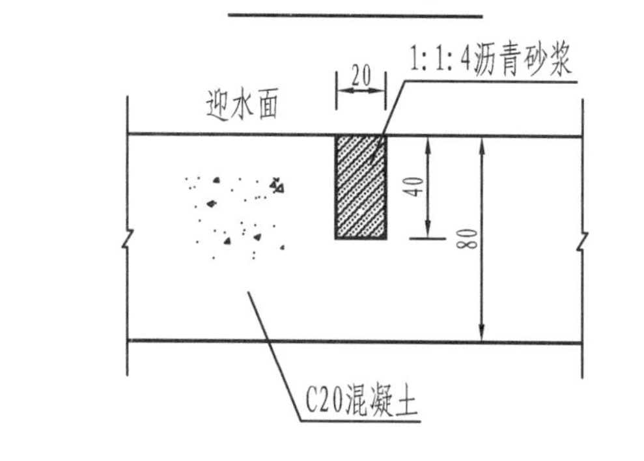


说明：

1. 图中尺寸单位高程以m计，其余均以mm计。
2. 混凝土技术指标：强度等级C20；抗渗等级W4；抗冻等级：温和地区F50，寒冷地区F150，严寒地区F200。
3. 渠道伸缩缝分缝长度为3m。
4. 回填土压实系数不小于0.93。
5. 工序：1）清基，夯实；2）土方回填，夯实；3）U型槽开挖；4）混凝土衬砌；5）渠道断面整修。
6. 工程量表中土方开挖及回填工程量是按地面水平及渠道清基20cm的标准计算的，具体工程设计及施工应按现场实际地面线进行计算；混凝土工程量和材料用量为按现浇混凝土计算的工程量和材料用量。

| 第三部分　小型U型渠道及建筑物 | | | |
|---|---|---|---|
| 图名 | D70U型渠道设计图（衬砌厚度80mm） | 图号 | 3-7 |

# D80U型渠道衬砌横剖面图

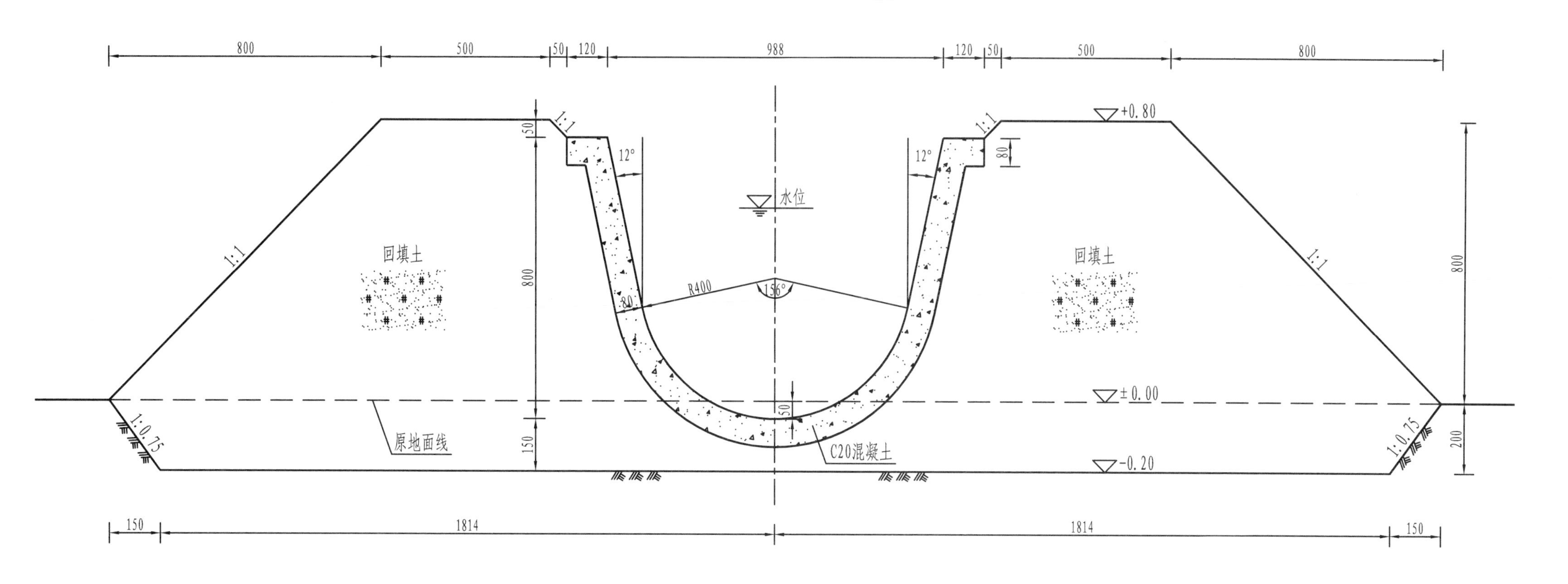


## 单米渠长工程量及材料表

| 编号 | 项目 | 单位 | 数量 |
|---|---|---|---|
| 一 | 土方开挖 | m³ | 0.756 |
| 二 | 土方回填 | m³ | 3.258 |
| 三 | U型槽开挖 | m³ | 0.860 |
| 四 | C20混凝土 | m³ | 0.184 |
| 其中材料 | 水泥42.5 | kg | 52.826 |
|  | 砂 | m³ | 0.103 |
|  | 碎石 | m³ | 0.158 |
| 五 | 沥青砂浆 | m³ | 0.000571 |
| 其中材料 | 沥青 | kg | 0.1333 |
|  | 水泥42.5 | kg | 0.1333 |
|  | 砂 | m³ | 0.000333 |
| 六 | 水泥浆抹面 | m² | 2.317 |
| 其中材料 | 水泥42.5 | kg | 6.951 |

## C20混凝土配合比参照表

| 配合比（1m³混凝土材料用量） | | | |
|---|---|---|---|
| 水泥42.5（kg） | 粗砂（m³） | 碎石（m³） | 水（m³） |
| 287.10 | 0.561 | 0.859 | 0.165 |

## 沥青砂浆配合比参照表

| 配合比（1m³沥青砂浆材料用量） | | |
|---|---|---|
| 沥青（kg） | 水泥（kg） | 砂（m³） |
| 233.60 | 233.60 | 0.584 |

## 伸缩缝大样图

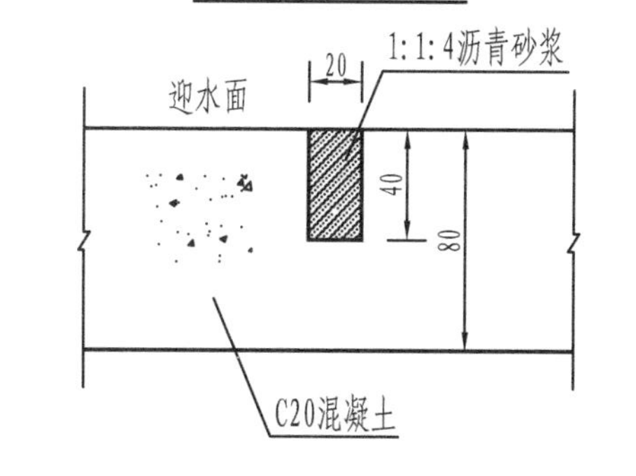


说明：

1. 图中尺寸单位高程以m计，其余均以mm计。
2. 混凝土技术指标：强度等级C20；抗渗等级W4；抗冻等级：温和地区F50，寒冷地区F150，严寒地区F200。
3. 渠道伸缩缝分缝长度为3m。
4. 回填土压实系数不小于0.93。
5. 工序：1）清基，夯实；2）土方回填，夯实；3）U型槽开挖；4）混凝土衬砌；5）渠道断面整修。
6. 工程量表中土方开挖及回填工程量是按地面水平及渠道清基20cm的标准计算的，具体工程设计及施工应按现场实际地面线进行计算；混凝土工程量和材料用量为按现浇混凝土计算的工程量和材料用量。

| 第三部分　小型U型渠道及建筑物 | | | |
|---|---|---|---|
| 图名 | D80U型渠道设计图（衬砌厚度80mm） | 图号 | 3-8 |

## D100U型渠道衬砌横剖面图

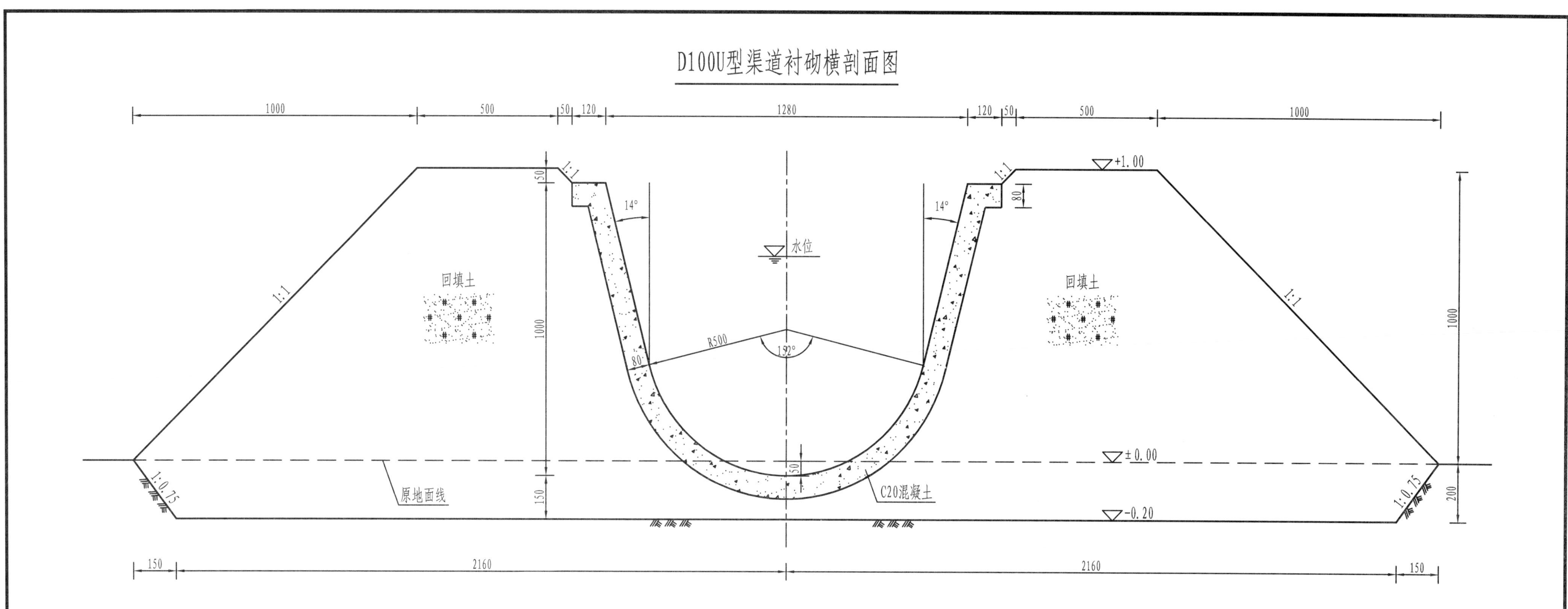


## 单米渠长工程量及材料表

| 编号 | 项目 | 单位 | 数量 |
|---|---|---|---|
| 一 | 土方开挖 | $m^3$ | 0.894 |
| 二 | 土方回填 | $m^3$ | 4.514 |
| 三 | U型槽开挖 | $m^3$ | 1.276 |
| 四 | C20混凝土 | $m^3$ | 0.226 |
| 其中材料 | 水泥42.5 | kg | 64.885 |
| | 砂 | $m^3$ | 0.127 |
| | 碎石 | $m^3$ | 0.194 |
| 五 | 沥青砂浆 | $m^3$ | 0.000712 |
| 其中材料 | 沥青 | kg | 0.1662 |
| | 水泥42.5 | kg | 0.1662 |
| | 砂 | $m^3$ | 0.000416 |
| 六 | 水泥浆抹面 | $m^2$ | 2.846 |
| 其中材料 | 水泥42.5 | kg | 8.538 |

## C20混凝土配合比参照表

| 配合比（$1m^3$混凝土材料用量） | | | |
|---|---|---|---|
| 水泥42.5（kg） | 粗砂（$m^3$） | 碎石（$m^3$） | 水（$m^3$） |
| 287.10 | 0.561 | 0.859 | 0.165 |

## 沥青砂浆配合比参照表

| 配合比（$1m^3$沥青砂浆材料用量） | | |
|---|---|---|
| 沥青（kg） | 水泥（kg） | 砂（$m^3$） |
| 233.60 | 233.60 | 0.584 |

## 伸缩缝大样图

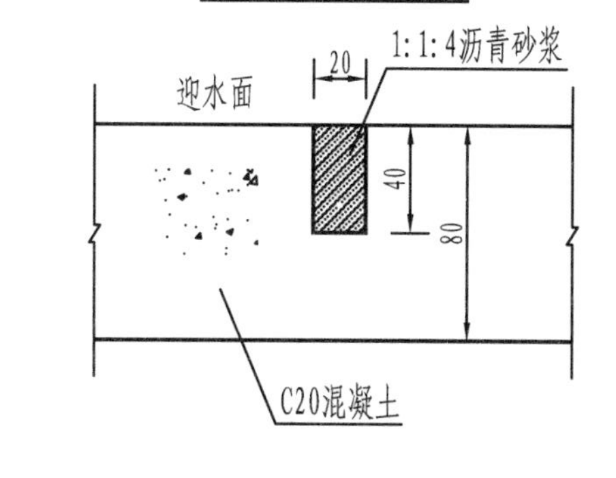


说明：

1. 图中尺寸单位高程以m计，其余均以mm计。
2. 混凝土技术指标：强度等级C20；抗渗等级W4；抗冻等级：温和地区F50，寒冷地区F150，严寒地区F200。
3. 渠道伸缩缝分缝长度为3m。
4. 回填土压实系数不小于0.93。
5. 工序：1）清基，夯实；2）土方回填，夯实；3）U型槽开挖；4）混凝土衬砌；5）渠道断面整修。
6. 工程量表中土方开挖及回填工程量是按地面水平及渠道清基20cm的标准计算的，具体工程设计及施工应按现场实际地面线进行计算；混凝土工程量和材料用量为按现浇混凝土计算的工程量和材料用量。

| 第三部分　小型U型渠道及建筑物 | | | |
|---|---|---|---|
| 图名 | D100U型渠道设计图（衬砌厚度80mm） | 图号 | 3-9 |

# D100U型渠道衬砌横剖面图

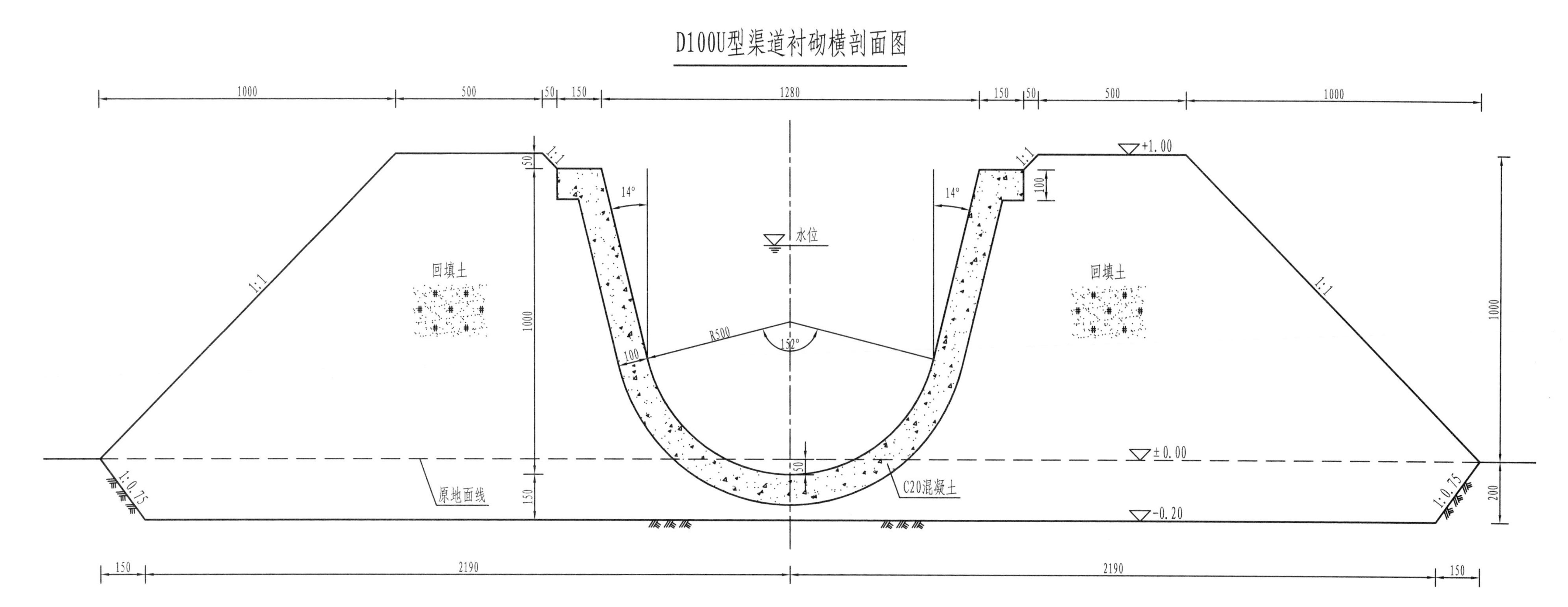


## 单米渠长工程量及材料表

| 编号 | 项目 | 单位 | 数量 |
|---|---|---|---|
| 一 | 土方开挖 | $m^3$ | 0.906 |
| 二 | 土方回填 | $m^3$ | 4.586 |
| 三 | U型槽开挖 | $m^3$ | 1.340 |
| 四 | C20混凝土 | $m^3$ | 0.288 |
| 其中材料 | 水泥42.5 | kg | 82.685 |
| | 砂 | $m^3$ | 0.162 |
| | 碎石 | $m^3$ | 0.247 |
| 五 | 沥青砂浆 | $m^3$ | 0.000895 |
| 其中材料 | 沥青 | kg | 0.2090 |
| | 水泥42.5 | kg | 0.2090 |
| | 砂 | $m^3$ | 0.000523 |
| 六 | 水泥浆抹面 | $m^2$ | 2.906 |
| 其中材料 | 水泥42.5 | kg | 8.718 |

## C20混凝土配合比参照表

| 配合比（$1m^3$混凝土材料用量） | | | |
|---|---|---|---|
| 水泥42.5（kg） | 粗砂（$m^3$） | 碎石（$m^3$） | 水（$m^3$） |
| 287.10 | 0.561 | 0.859 | 0.165 |

## 沥青砂浆配合比参照表

| 配合比（$1m^3$沥青砂浆材料用量） | | |
|---|---|---|
| 沥青（kg） | 水泥（kg） | 砂（$m^3$） |
| 233.60 | 233.60 | 0.584 |

## 伸缩缝大样图

迎水面　20　1:1:4沥青砂浆　50　100　C20混凝土

说明：

1. 图中尺寸单位高程以m计，其余均以mm计。
2. 混凝土技术指标：强度等级C20；抗渗等级W4；抗冻等级：温和地区F50，寒冷地区F150，严寒地区F200。
3. 渠道伸缩缝分缝长度为3m。
4. 回填土压实系数不小于0.93。
5. 工序：1）清基，夯实；2）土方回填，夯实；3）U型槽开挖；4）混凝土衬砌；5）渠道断面整修。
6. 工程量表中土方开挖及回填工程量是按地面水平及渠道清基20cm的标准计算的，具体工程设计及施工应按现场实际地面线进行计算；混凝土工程量和材料用量为按现浇混凝土计算的工程量和材料用量。

| 第三部分　小型U型渠道及建筑物 | | | |
|---|---|---|---|
| 图名 | D100U型渠道设计图（衬砌厚度100mm） | 图号 | 3-10 |

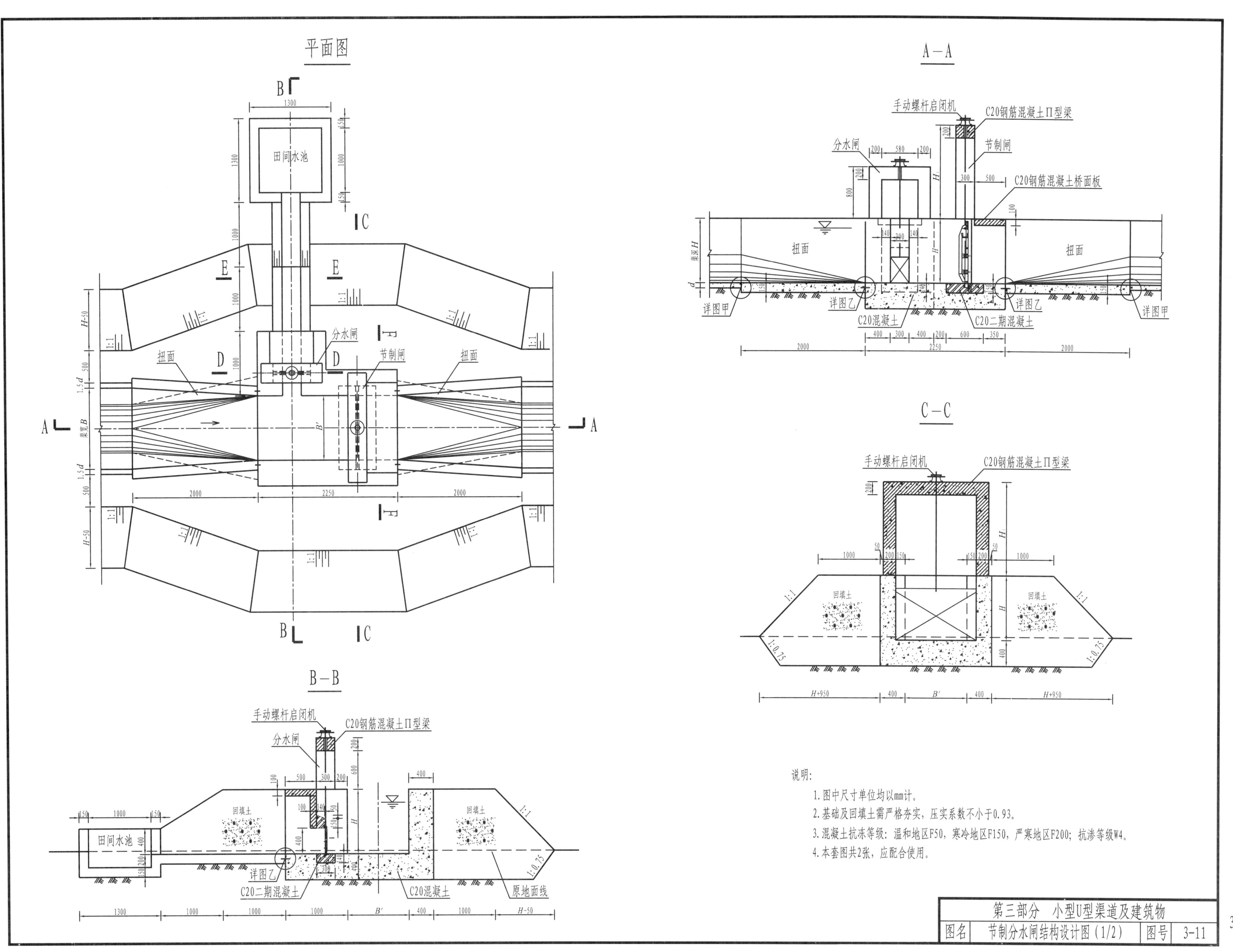


说明：

1. 图中尺寸单位均以mm计。
2. 基础及回填土需严格夯实，压实系数不小于0.93。
3. 混凝土抗冻等级：温和地区F50，寒冷地区F150，严寒地区F200；抗渗等级W4。
4. 本套图共2张，应配合使用。

| 第三部分　小型U型渠道及建筑物 | | | |
|---|---|---|---|
| 图名 | 节制分水闸结构设计图（1/2） | 图号 | 3-11 |

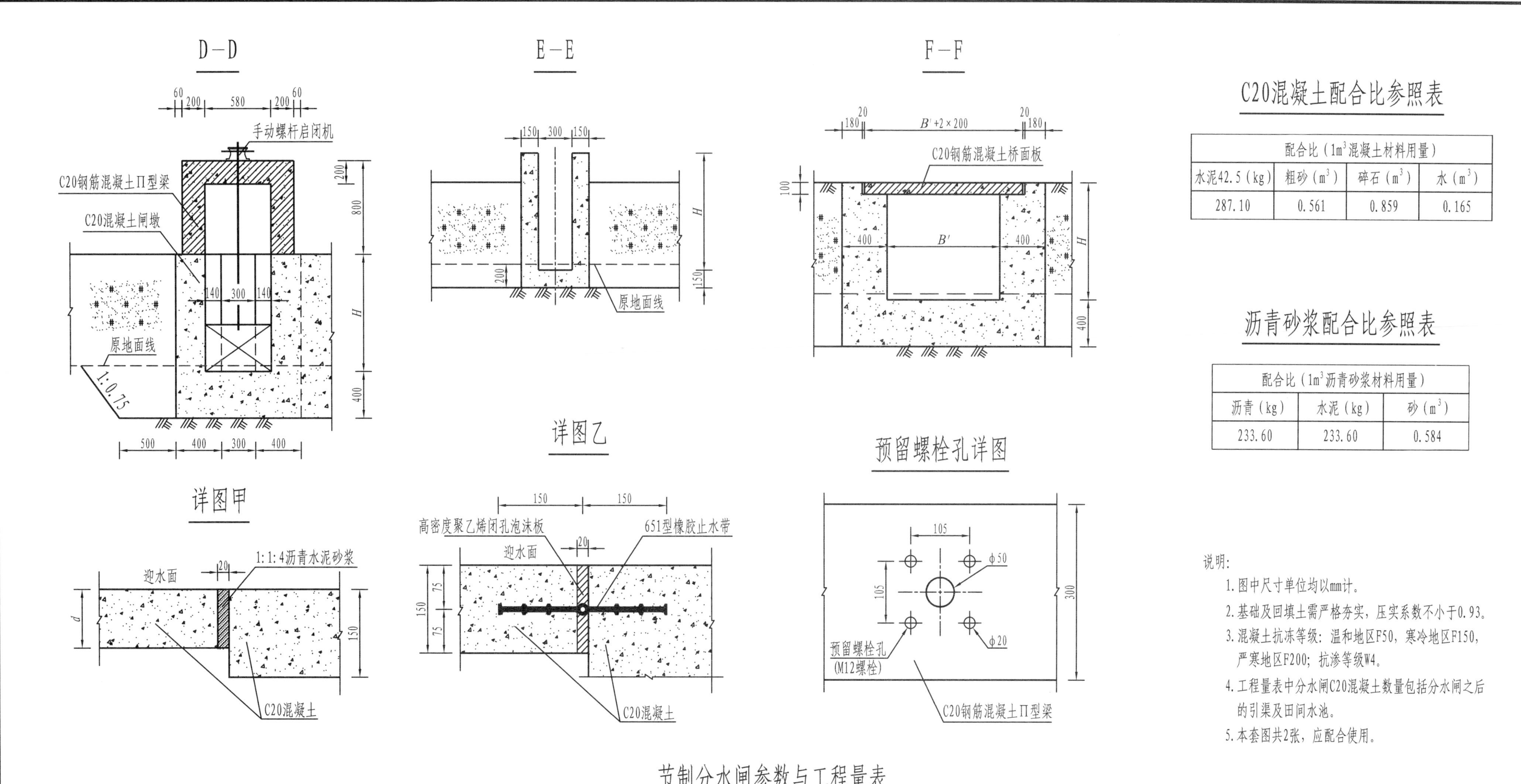


## C20混凝土配合比参照表

| 配合比（1m³混凝土材料用量） | | | |
|---|---|---|---|
| 水泥42.5（kg） | 粗砂（m³） | 碎石（m³） | 水（m³） |
| 287.10 | 0.561 | 0.859 | 0.165 |

## 沥青砂浆配合比参照表

| 配合比（1m³沥青砂浆材料用量） | | |
|---|---|---|
| 沥青（kg） | 水泥（kg） | 砂（m³） |
| 233.60 | 233.60 | 0.584 |

说明：

1. 图中尺寸单位均以mm计。
2. 基础及回填土需严格夯实，压实系数不小于0.93。
3. 混凝土抗冻等级：温和地区F50，寒冷地区F150，严寒地区F200；抗渗等级W4。
4. 工程量表中分水闸C20混凝土数量包括分水闸之后的引渠及田间水池。
5. 本套图共2张，应配合使用。

## 节制分水闸参数与工程量表

| 渠道 | | | 单座节制闸 | | | | | | | | | | | | | | 单座分水闸 | | | | | | | | | | | | | 单个扭面 | | | |
|---|---|---|---|---|---|---|---|---|---|---|---|---|---|---|---|---|---|---|---|---|---|---|---|---|---|---|---|---|---|---|---|---|---|
| 直径 D（mm） | 渠深 H（mm） | 渠道最大水深（mm） | 闸门规格 b×h（m×m） | 启闭机型号 | 二期门槽尺寸（m×m） | $B_1$（mm） | $H_1$（mm） | 土方开挖（m³） | 土方回填（m³） | C20钢筋混凝土Π型梁（m³） | C20钢筋混凝土桥面板（m³） | 钢筋制安（kg） | C20混凝土（m³） | C20二期混凝土（m³） | 651型橡胶止水带（m） | 高密度聚乙烯闭孔泡沫板（m²） | 闸门规格 b×h（m×m） | 启闭机型号 | 二期门槽尺寸（m×m） | 土方开挖（m³） | 土方回填（m³） | C20钢筋混凝土Π型梁（m³） | C20钢筋混凝土桥面板（m³） | C20钢筋混凝土胸墙（m³） | 钢筋制安（kg） | C20混凝土（m³） | C20二期混凝土（m³） | 651型橡胶止水带（m） | 高密度聚乙烯闭孔泡沫板（m²） | 土方开挖（m³） | 土方回填（m³） | C20混凝土（m³） | 沥青水泥砂浆（m³） |
| 400 | 400 | 300 | PZ-0.4×0.4 | LQ-0.3t | 0.6×0.15 | 400 | 850 | 4.12 | 6.95 | 0.144 | 0.040 | 39.98 | 1.73 | 0.135 | 3.1 | 0.56 | PZ-0.3×0.4 | LQ-0.3t | 0.3×0.14 | 2.11 | 1.71 | 0.131 | 0.035 | 0.000 | 38.12 | 1.52 | 0.058 | 1.40 | 0.21 | 1.252 | 2.080 | 0.360 | 0.00100 |
| 500 | 500 | 400 | PZ-0.5×0.5 | | | 500 | 950 | 4.46 | 8.14 | 0.162 | 0.045 | 42.93 | 1.97 | 0.162 | 3.7 | 0.67 | | | | 2.11 | 1.79 | 0.131 | 0.035 | 0.008 | 38.12 | 1.61 | 0.066 | 1.60 | 0.24 | 1.352 | 2.495 | 0.443 | 0.00118 |
| 600 | 600 | 450 | PZ-0.6×0.6 | | | 600 | 1050 | 4.80 | 9.37 | 0.181 | 0.050 | 46.30 | 2.22 | 0.204 | 4.3 | 0.78 | | | | 2.11 | 1.88 | 0.131 | 0.035 | 0.012 | 38.88 | 1.70 | 0.075 | 1.80 | 0.27 | 1.455 | 2.850 | 0.532 | 0.00142 |
| 700 | 700 | 550 | PGZ-0.7×0.7 | | | 700 | 1150 | 5.13 | 10.66 | 0.210 | 0.055 | 49.24 | 2.46 | 0.216 | 4.9 | 0.89 | | | | 2.11 | 1.97 | 0.131 | 0.035 | 0.015 | 39.58 | 1.79 | 0.083 | 2.00 | 0.30 | 1.565 | 3.476 | 0.664 | 0.00209 |
| 800 | 800 | 650 | PGZ-0.8×0.8 | LQ-0.5t | | 800 | 1250 | 5.47 | 11.99 | 0.216 | 0.060 | 52.61 | 2.71 | 0.243 | 5.5 | 1.00 | | | | 2.11 | 2.07 | 0.131 | 0.035 | 0.018 | 40.08 | 1.88 | 0.091 | 2.20 | 0.33 | 1.666 | 3.999 | 0.755 | 0.00235 |
| 1000 | 1000 | 800 | PGZ-1.0×1.0 | | | 1000 | 1450 | 6.14 | 14.82 | 0.252 | 0.070 | 58.93 | 3.20 | 0.297 | 6.7 | 1.22 | | | | 2.11 | 2.28 | 0.131 | 0.035 | 0.024 | 41.07 | 2.07 | 0.108 | 2.60 | 0.39 | 1.873 | 5.174 | 0.938 | 0.00288 |

| 第三部分　小型U型渠道及建筑物 | | | |
|---|---|---|---|
| 图名 | 节制分水闸结构设计图（2/2） | 图号 | 3-12 |

## 节制闸Π型梁配筋图

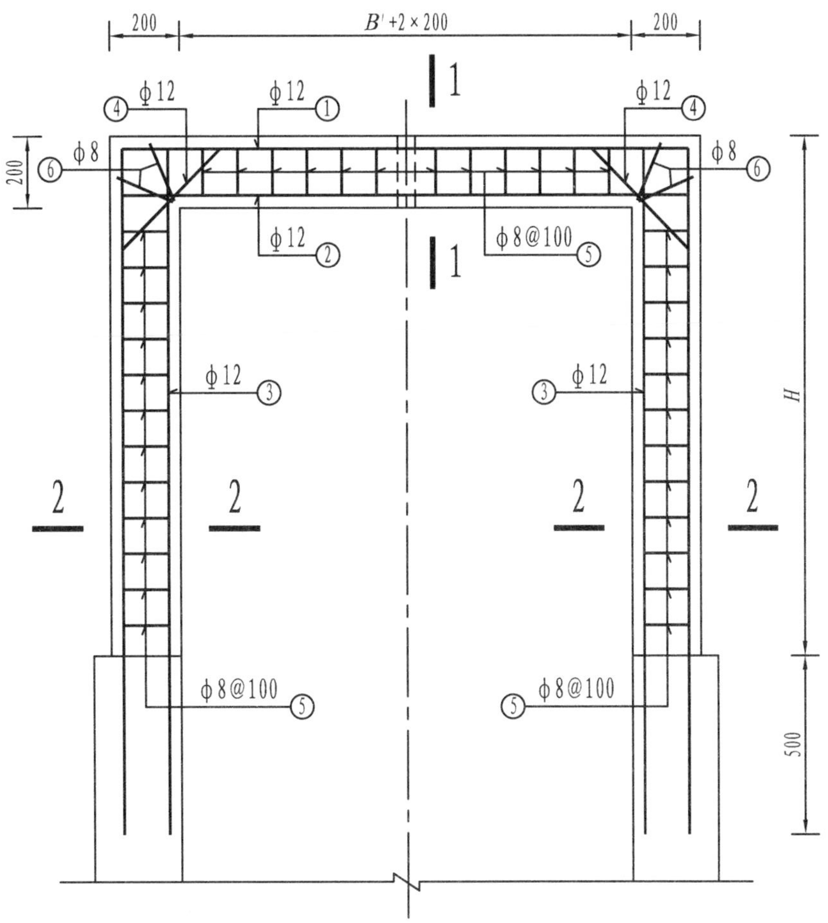

## 分水闸Π型梁配筋图

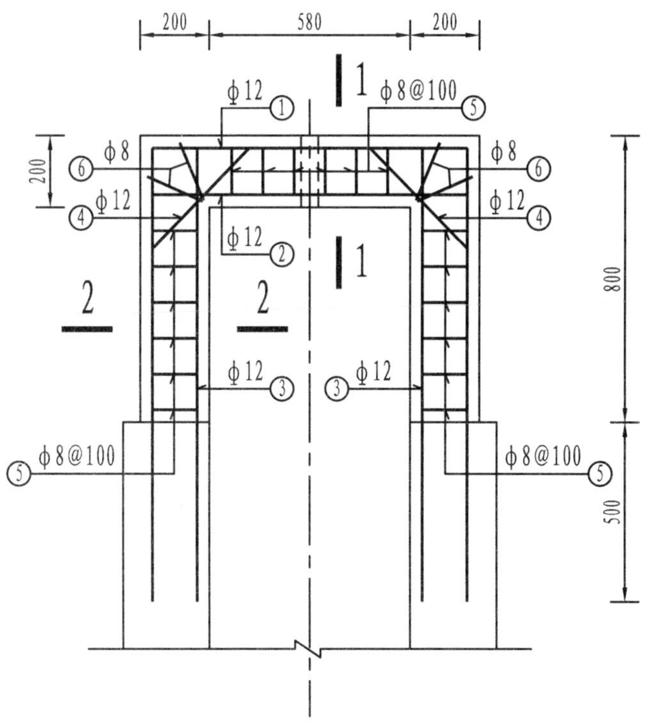

## 分水闸胸墙配筋图

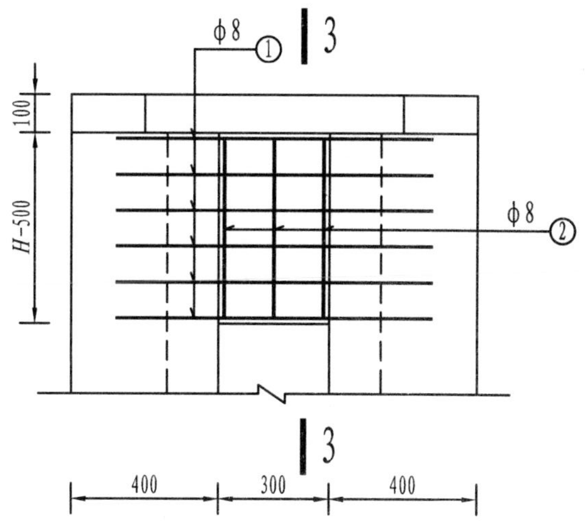

## 1—1

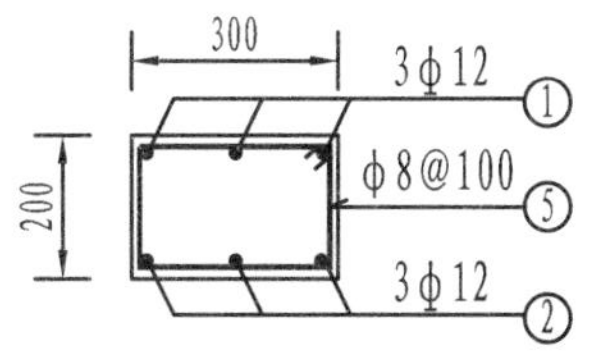

## 2—2

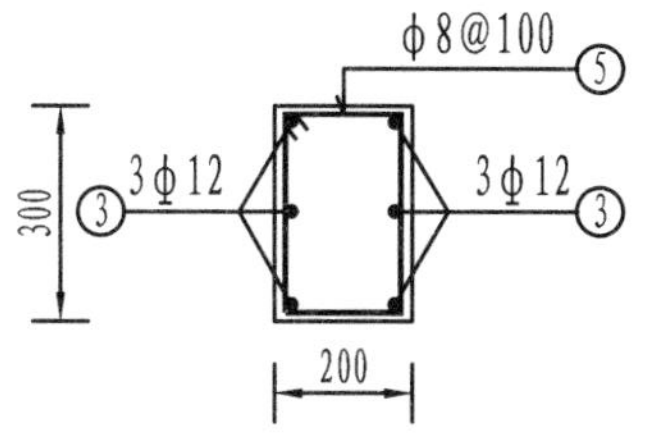

## 3—3

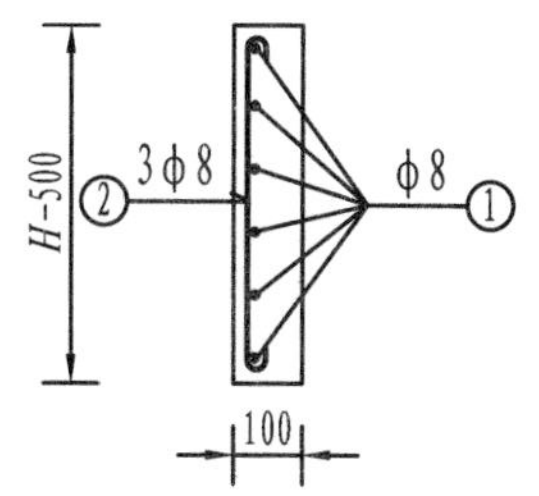

## 节制闸桥面板配筋图

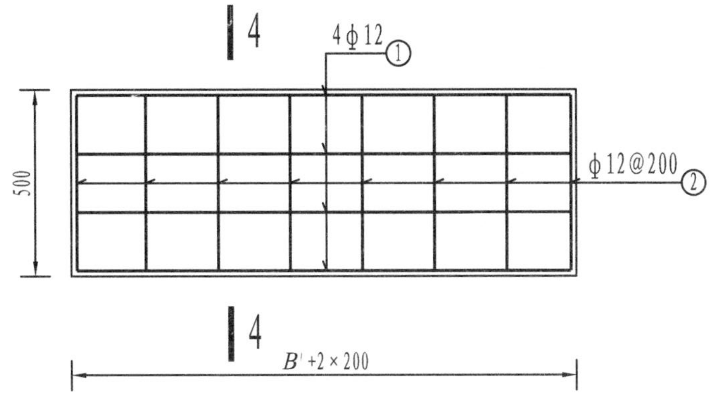

## 分水闸桥面板配筋图

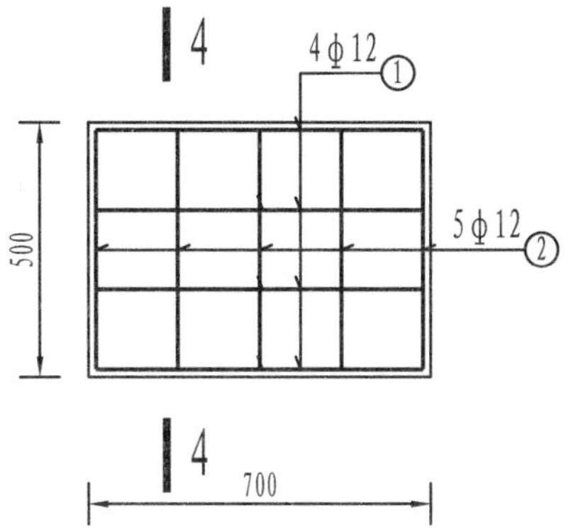

## 4—4

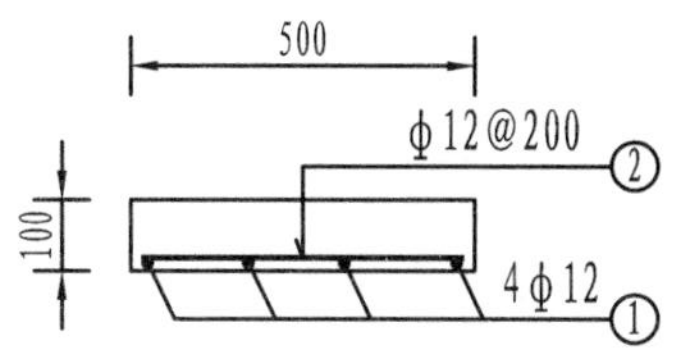

说明:

1. 图中尺寸单位均以mm计。
2. Π型梁混凝土保护层厚度35mm;桥面板、分水闸胸墙混凝土保护层厚度15mm。
3. 本套图共3张,应配合使用。

| 第三部分 小型U型渠道及建筑物 | | | |
|---|---|---|---|
| 图名 | 节制分水闸配筋图(1/3) | 图号 | 3-13 |

## 节制闸钢筋表

| 构件 | 编号 | 直径 (mm) | B′=400mm | | | | B′=500mm | | | | B′=600mm | | | | B′=700mm | | | | B′=800mm | | | | B′=1000mm | | | |
|---|---|---|---|---|---|---|---|---|---|---|---|---|---|---|---|---|---|---|---|---|---|---|---|---|---|---|
| | | | 型式 | 长度 (mm) | 根数 (根) | 总长 (m) | 型式 | 长度 (mm) | 根数 (根) | 总长 (m) | 型式 | 长度 (mm) | 根数 (根) | 总长 (m) | 型式 | 长度 (mm) | 根数 (根) | 总长 (m) | 型式 | 长度 (mm) | 根数 (根) | 总长 (m) | 型式 | 长度 (mm) | 根数 (根) | 总长 (m) |
| Π型梁 | ① | ϕ12 | 1315 1030 1315 | 3660 | 3 | 10.98 | 1415 1130 1415 | 3960 | 3 | 11.88 | 1515 1230 1515 | 4260 | 3 | 12.78 | 1615 1330 1615 | 4560 | 3 | 13.68 | 1715 1430 1715 | 4860 | 3 | 14.58 | 1915 1630 1915 | 5460 | 3 | 16.38 |
| | ② | ϕ12 | 500 1030 500 | 2030 | 3 | 6.09 | 500 1130 500 | 2130 | 3 | 6.39 | 500 1230 500 | 2230 | 3 | 6.69 | 500 1330 500 | 2330 | 3 | 6.99 | 500 1430 500 | 2430 | 3 | 7.29 | 500 1630 500 | 2630 | 3 | 7.89 |
| | ③ | ϕ12 | 1315 | 1815 | 3×2 | 7.89 | 1415 | 1915 | 3×2 | 8.49 | 1515 | 2015 | 3×2 | 9.09 | 1615 | 2115 | 3×2 | 9.69 | 1715 | 2215 | 3×2 | 10.29 | 1915 | 2415 | 3×2 | 11.49 |
| | ④ | ϕ12 | 370 250 250 145 145 | 870 | 3×2 | 5.22 | 370 250 250 145 145 | 870 | 3×2 | 5.22 | 370 250 250 145 145 | 870 | 3×2 | 5.22 | 370 250 250 145 145 | 870 | 3×2 | 5.22 | 370 250 250 145 145 | 870 | 3×2 | 5.22 | 370 250 250 145 145 | 870 | 3×2 | 5.22 |
| | ⑤ | ϕ8 | 130 230 | 840 | 21 | 17.64 | 130 230 | 840 | 24 | 20.16 | 130 230 | 840 | 27 | 22.68 | 130 230 | 840 | 30 | 25.20 | 130 230 | 840 | 33 | 27.72 | 130 230 | 840 | 39 | 32.76 |
| | ⑥ | ϕ8 | 150 230 | 880 | 2×2 | 3.52 | 150 230 | 880 | 2×2 | 3.52 | 150 230 | 880 | 2×2 | 3.52 | 150 230 | 880 | 2×2 | 3.52 | 150 230 | 880 | 2×2 | 3.52 | 150 230 | 880 | 2×2 | 3.52 |
| 桥面板 | ① | ϕ12 | 770 | 770 | 4 | 3.08 | 870 | 870 | 4 | 3.48 | 970 | 970 | 4 | 3.88 | 1070 | 1070 | 4 | 4.28 | 1170 | 1170 | 4 | 4.68 | 1370 | 1370 | 4 | 5.48 |
| | ② | ϕ12 | 470 | 470 | 5 | 2.35 | 470 | 470 | 5 | 2.35 | 470 | 470 | 6 | 2.82 | 470 | 470 | 6 | 2.82 | 470 | 470 | 7 | 3.29 | 470 | 470 | 8 | 3.76 |

## 节制闸材料表

| 名称 | 项目 / 型号 | 单位重 (kg/m) | B′=400mm | | B′=500mm | | B′=600mm | | B′=700mm | | B′=800mm | | B′=1000mm | |
|---|---|---|---|---|---|---|---|---|---|---|---|---|---|---|
| | | | 总长 (m) | 总重 (kg) | 总长 (m) | 总重 (kg) | 总长 (m) | 总重 (kg) | 总长 (m) | 总重 (kg) | 总长 (m) | 总重 (kg) | 总长 (m) | 总重 (kg) |
| Π型梁 | ϕ12 | 0.888 | 30.18 | 26.80 | 31.98 | 28.40 | 33.78 | 30.00 | 35.58 | 31.60 | 37.78 | 33.19 | 40.98 | 36.39 |
| | ϕ8 | 0.395 | 21.16 | 8.36 | 23.68 | 9.35 | 26.20 | 10.35 | 28.72 | 11.34 | 31.24 | 12.34 | 36.28 | 14.33 |
| 桥面板 | ϕ12 | 0.888 | 5.43 | 4.82 | 5.83 | 5.18 | 6.70 | 5.95 | 7.10 | 6.30 | 7.97 | 7.08 | 9.24 | 8.21 |
| | Σ | (kg) | 39.98 | | 42.93 | | 46.30 | | 49.24 | | 52.61 | | 58.93 | |
| Π型梁 | C20钢筋混凝土 ($m^3$) | | 0.144 | | 0.162 | | 0.181 | | 0.210 | | 0.216 | | 0.252 | |
| 桥面板 | C20钢筋混凝土 ($m^3$) | | 0.040 | | 0.045 | | 0.050 | | 0.550 | | 0.060 | | 0.070 | |

说明:

1. 图中尺寸单位均以mm计。
2. Π型梁混凝土保护层厚度35mm；桥面板、分水闸胸墙混凝土保护层厚度15mm。
3. 本套图共3张，应配合使用。

| 第三部分　小型U型渠道及建筑物 | | | |
|---|---|---|---|
| 图名 | 节制分水闸配筋图（2/3） | 图号 | 3-14 |

# 分水闸钢筋表

| 构件 | 编号 | 直径 (mm) | B′=400mm 型式 | 长度 (mm) | 根数 (根) | 总长 (m) | B′=500mm 型式 | 长度 (mm) | 根数 (根) | 总长 (m) | B′=600mm 型式 | 长度 (mm) | 根数 (根) | 总长 (m) |
|---|---|---|---|---|---|---|---|---|---|---|---|---|---|---|
| Π型梁 | ① | ϕ12 | 1265 910 1265 | 3440 | 3 | 10.32 | 1265 910 1265 | 3440 | 3 | 10.32 | 1265 910 1265 | 3440 | 3 | 10.32 |
| Π型梁 | ② | ϕ12 | 500 910 500 | 1910 | 3 | 5.73 | 500 910 500 | 1910 | 3 | 5.73 | 500 910 500 | 1910 | 3 | 5.73 |
| Π型梁 | ③ | ϕ12 | 1265 | 1265 | 3×2 | 7.59 | 1265 | 1265 | 3×2 | 7.59 | 1265 | 1265 | 3×2 | 7.59 |
| Π型梁 | ④ | ϕ12 | 370 250 250 145 145 | 870 | 3×2 | 5.22 | 370 250 250 145 145 | 870 | 3×2 | 5.22 | 370 250 250 145 145 | 870 | 3×2 | 5.22 |
| Π型梁 | ⑤ | ϕ8 | 130 230 | 840 | 20 | 16.80 | 130 230 | 840 | 20 | 16.80 | 130 230 | 840 | 20 | 16.80 |
| Π型梁 | ⑥ | ϕ8 | 150 230 | 880 | 2×2 | 3.52 | 150 230 | 880 | 2×2 | 3.52 | 150 230 | 880 | 2×2 | 3.52 |
| 桥面板 | ① | ϕ12 | 670 | 670 | 4 | 2.68 | 670 | 670 | 4 | 2.68 | 670 | 670 | 4 | 2.68 |
| 桥面板 | ② | ϕ12 | 470 | 470 | 5 | 2.35 | 470 | 470 | 5 | 2.35 | 470 | 470 | 5 | 2.35 |
| 胸 墙 | ① | ϕ8 |  | — | — | — |  | — | — | — | 860 | 960 | 2 | 1.92 |
| 胸 墙 | ② | ϕ8 |  | — | — | — |  | — | — | — |  | — | — | — |

| 构件 | 编号 | 直径 (mm) | B′=700mm 型式 | 长度 (mm) | 根数 (根) | 总长 (m) | B′=800mm 型式 | 长度 (mm) | 根数 (根) | 总长 (m) | B′=1000mm 型式 | 长度 (mm) | 根数 (根) | 总长 (m) |
|---|---|---|---|---|---|---|---|---|---|---|---|---|---|---|
| Π型梁 | ① | ϕ12 | 1265 910 1265 | 3440 | 3 | 10.32 | 1265 910 1265 | 3440 | 3 | 10.32 | 1265 910 1265 | 3440 | 3 | 10.32 |
| Π型梁 | ② | ϕ12 | 500 910 500 | 1910 | 3 | 5.73 | 500 910 500 | 1910 | 3 | 5.73 | 500 910 500 | 1910 | 3 | 5.73 |
| Π型梁 | ③ | ϕ12 | 1265 | 1265 | 3×2 | 7.59 | 1265 | 1265 | 3×2 | 7.59 | 1265 | 1265 | 3×2 | 7.59 |
| Π型梁 | ④ | ϕ12 | 370 250 250 145 145 | 870 | 3×2 | 5.22 | 370 250 250 145 145 | 870 | 3×2 | 5.22 | 370 250 250 145 145 | 870 | 3×2 | 5.22 |
| Π型梁 | ⑤ | ϕ8 | 130 230 | 840 | 20 | 16.80 | 130 230 | 840 | 20 | 16.80 | 130 230 | 840 | 20 | 16.80 |
| Π型梁 | ⑥ | ϕ8 | 150 230 | 880 | 2×2 | 3.52 | 150 230 | 880 | 2×2 | 3.52 | 150 230 | 880 | 2×2 | 3.52 |
| 桥面板 | ① | ϕ12 | 670 | 670 | 4 | 2.68 | 670 | 670 | 4 | 2.68 | 670 | 670 | 4 | 2.68 |
| 桥面板 | ② | ϕ12 | 470 | 470 | 5 | 2.35 | 470 | 470 | 5 | 2.35 | 470 | 470 | 5 | 2.35 |
| 胸 墙 | ① | ϕ8 | 860 | 960 | 3 | 2.88 | 860 | 960 | 4 | 3.84 | 860 | 960 | 6 | 5.76 |
| 胸 墙 | ② | ϕ8 | 170 | 270 | 3 | 0.81 | 270 | 370 | 3 | 1.11 | 470 | 570 | 3 | 1.71 |

# 分水闸材料表

| 名称 | 项目 / 型号 | 单位重 (kg/m) | B′=400mm 总长 (m) | 总重 (kg) | B′=500mm 总长 (m) | 总重 (kg) | B′=600mm 总长 (m) | 总重 (kg) | B′=700mm 总长 (m) | 总重 (kg) | B′=800mm 总长 (m) | 总重 (kg) | B′=1000mm 总长 (m) | 总重 (kg) |
|---|---|---|---|---|---|---|---|---|---|---|---|---|---|---|
| Π型梁 | ϕ12 | 0.888 | 31.86 | 25.63 | 31.86 | 25.63 | 31.86 | 25.63 | 31.86 | 25.63 | 31.86 | 25.63 | 31.86 | 25.63 |
| Π型梁 | ϕ8 | 0.395 | 20.32 | 8.03 | 20.32 | 8.03 | 20.32 | 8.03 | 20.32 | 8.03 | 20.32 | 8.03 | 20.32 | 8.03 |
| 桥面板 | ϕ12 | 0.888 | 5.03 | 4.47 | 5.03 | 4.47 | 5.03 | 4.47 | 5.03 | 4.47 | 5.03 | 4.47 | 5.03 | 4.47 |
| 胸 墙 | ϕ8 | 0.395 | — | — | — | — | 1.92 | 0.76 | 3.69 | 1.46 | 4.95 | 1.96 | 7.47 | 2.95 |
|  | Σ (kg) |  | 38.12 |  | 38.12 |  | 38.88 |  | 39.58 |  | 40.08 |  | 41.07 |  |
| Π型梁 | C20钢筋混凝土 (m³) |  | 0.131 |  | 0.131 |  | 0.131 |  | 0.131 |  | 0.131 |  | 0.131 |  |
| 桥面板 | C20钢筋混凝土 (m³) |  | 0.035 |  | 0.035 |  | 0.035 |  | 0.035 |  | 0.035 |  | 0.035 |  |
| 胸 墙 | C20钢筋混凝土 (m³) |  | — |  | 0.008 |  | 0.012 |  | 0.015 |  | 0.018 |  | 0.024 |  |

说明：

1. 图中尺寸单位均以mm计。
2. Π型梁混凝土保护层厚度35mm；桥面板、分水闸胸墙混凝土保护层厚度15mm。
3. 本套图共3张，应配合使用。

| 第三部分　小型U型渠道及建筑物 | | | |
|---|---|---|---|
| 图名 | 节制分水闸配筋图（3/3） | 图号 | 3-15 |

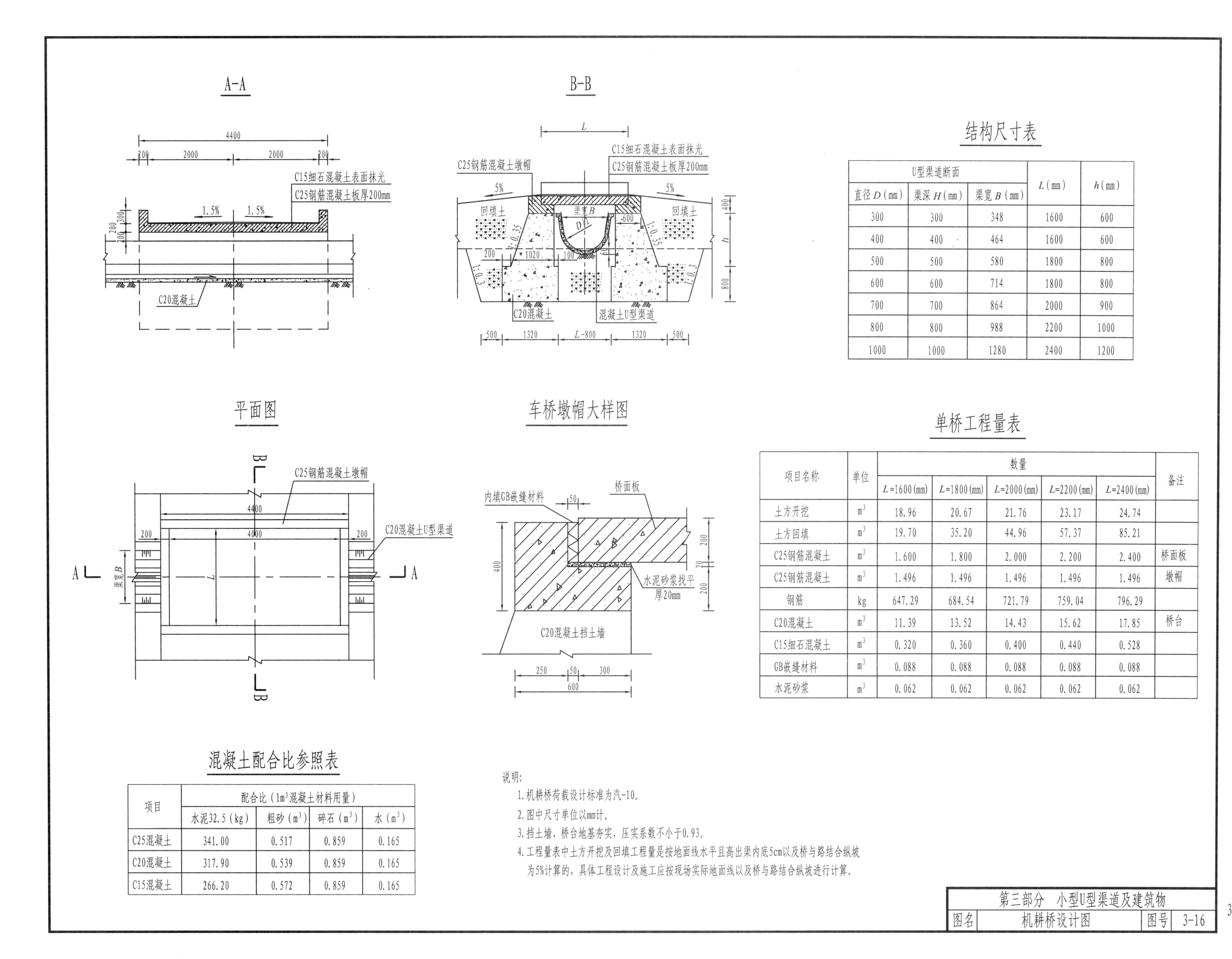


## 结构尺寸表

| U型渠道断面 | | | L(mm) | h(mm) |
|---|---|---|---|---|
| 直径 D(mm) | 渠深 H(mm) | 渠宽 B(mm) | | |
| 300 | 300 | 348 | 1600 | 600 |
| 400 | 400 | 464 | 1600 | 600 |
| 500 | 500 | 580 | 1800 | 800 |
| 600 | 600 | 714 | 1800 | 800 |
| 700 | 700 | 864 | 2000 | 900 |
| 800 | 800 | 988 | 2200 | 1000 |
| 1000 | 1000 | 1280 | 2400 | 1200 |

## 单桥工程量表

| 项目名称 | 单位 | 数量 | | | | | 备注 |
|---|---|---|---|---|---|---|---|
| | | L=1600(mm) | L=1800(mm) | L=2000(mm) | L=2200(mm) | L=2400(mm) | |
| 土方开挖 | $m^3$ | 18.96 | 20.67 | 21.76 | 23.17 | 24.74 | |
| 土方回填 | $m^3$ | 19.70 | 35.20 | 44.96 | 57.37 | 85.21 | |
| C25钢筋混凝土 | $m^3$ | 1.600 | 1.800 | 2.000 | 2.200 | 2.400 | 桥面板 |
| C25钢筋混凝土 | $m^3$ | 1.496 | 1.496 | 1.496 | 1.496 | 1.496 | 墩帽 |
| 钢筋 | kg | 647.29 | 684.54 | 721.79 | 759.04 | 796.29 | |
| C20混凝土 | $m^3$ | 11.39 | 13.52 | 14.43 | 15.62 | 17.85 | 桥台 |
| C15细石混凝土 | $m^3$ | 0.320 | 0.360 | 0.400 | 0.440 | 0.528 | |
| GB嵌缝材料 | $m^3$ | 0.088 | 0.088 | 0.088 | 0.088 | 0.088 | |
| 水泥砂浆 | $m^3$ | 0.062 | 0.062 | 0.062 | 0.062 | 0.062 | |

## 混凝土配合比参照表

| 项目 | 配合比(1m³混凝土材料用量) | | | |
|---|---|---|---|---|
| | 水泥32.5(kg) | 粗砂($m^3$) | 碎石($m^3$) | 水($m^3$) |
| C25混凝土 | 341.00 | 0.517 | 0.859 | 0.165 |
| C20混凝土 | 317.90 | 0.539 | 0.859 | 0.165 |
| C15混凝土 | 266.20 | 0.572 | 0.859 | 0.165 |

说明:

1. 机耕桥荷载设计标准为汽-10。
2. 图中尺寸单位以mm计。
3. 挡土墙、桥台地基夯实，压实系数不小于0.93。
4. 工程量表中土方开挖及回填工程量是按地面线水平且高出渠内底5cm以及桥与路结合纵坡为5%计算的，具体工程设计及施工应按现场实际地面线以及桥与路结合纵坡进行计算。

| 第三部分　小型U型渠道及建筑物 | | | |
|---|---|---|---|
| 图名 | 机耕桥设计图 | 图号 | 3-16 |

## 桥面板平面配筋图

2
4400
1
1
L
GM①φ16@200
YM③φ20@200
GM②16@200
YM②16@200
2

## 1-1

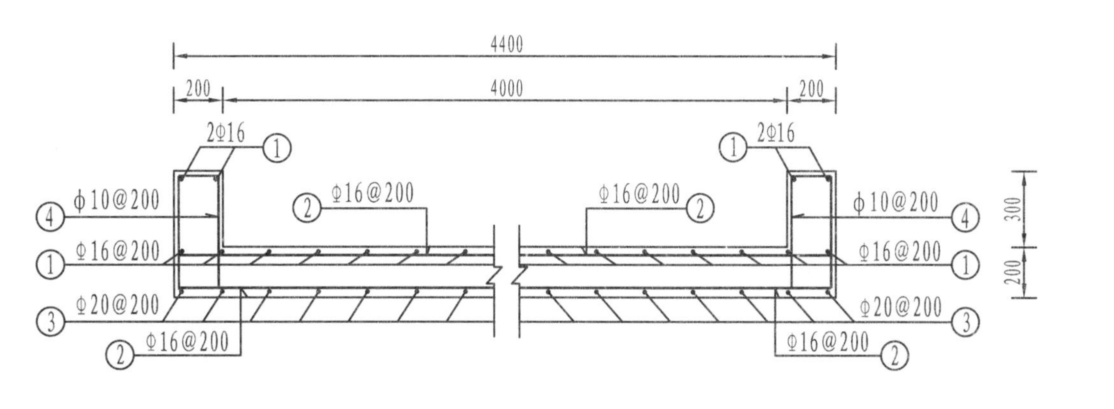


## 2-2

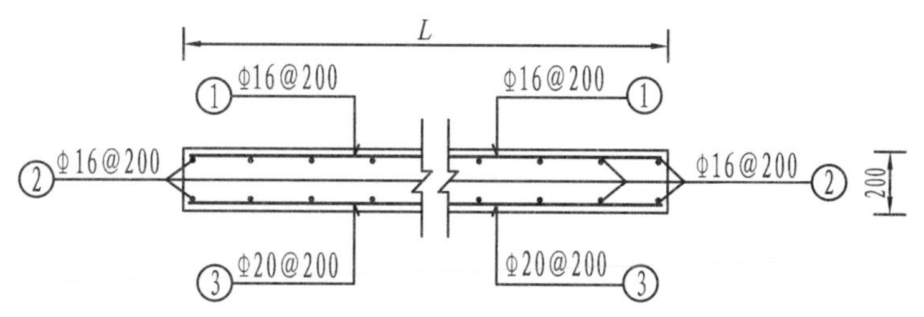


## 车桥墩帽配筋图

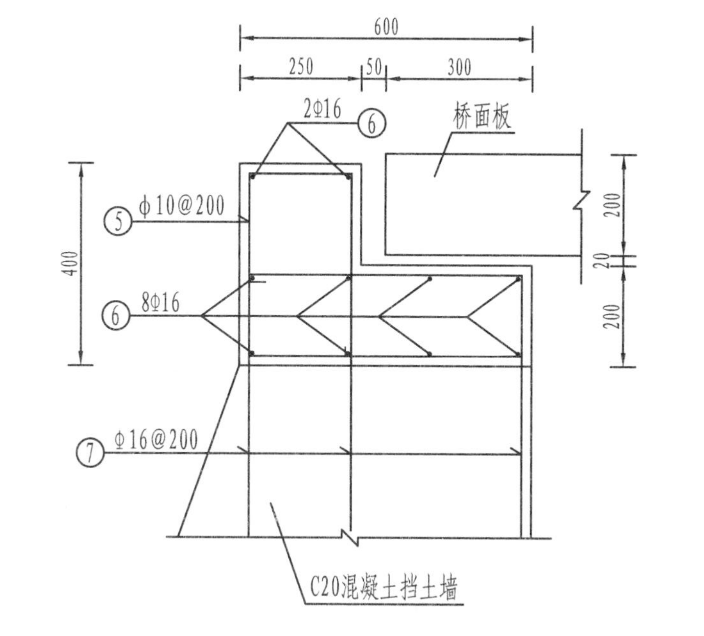


说明:

1. 图中尺寸单位以mm计。
2. 钢筋净保护层为25mm,混凝土强度等级为C25。
3. 钢筋弯钩长度为6.25d。
4. ⑦插筋应与墩帽钢筋绑扎或焊接在一起。
5. 本套图共2张，应配合使用。

| 第三部分　小型U型渠道及建筑物 | | | |
| --- | --- | --- | --- |
| 图名 | 机耕桥配筋图（1/2） | 图号 | 3-17 |

# 钢筋表

| 部位 | 编号 | 直径 (mm) | L=1600 (mm) | | | | L=1800 (mm) | | | | L=2000 (mm) | | | | L=2200 (mm) | | | | L=2400 (mm) | | | |
|---|---|---|---|---|---|---|---|---|---|---|---|---|---|---|---|---|---|---|---|---|---|---|
| | | | 型式 | 长度 (mm) | 根数 (根) | 总长 (m) | 型式 | 长度 (mm) | 根数 (根) | 总长 (m) | 型式 | 长度 (mm) | 根数 (根) | 总长 (m) | 型式 | 长度 (mm) | 根数 (根) | 总长 (m) | 型式 | 长度 (mm) | 根数 (根) | 总长 (m) |
| 桥面板 | ① | Φ16 | 1550 | 1550 | 27 | 41.85 | 1750 | 1750 | 27 | 47.25 | 1950 | 1950 | 27 | 52.65 | 2150 | 2150 | 27 | 58.05 | 2350 | 2350 | 27 | 63.45 |
| | ② | Φ16 | 4350 | 4350 | 18 | 78.30 | 4350 | 4350 | 20 | 87.00 | 4350 | 4350 | 22 | 95.70 | 4350 | 4350 | 24 | 104.40 | 4350 | 4350 | 26 | 113.10 |
| | ③ | Φ20 | 1550 | 1550 | 23 | 35.65 | 1750 | 1750 | 23 | 40.25 | 1950 | 1950 | 23 | 44.85 | 2150 | 2150 | 23 | 49.45 | 2350 | 2350 | 23 | 54.05 |
| | ④ | ϕ10 | 450 150 450 150 | 1325 | 18 | 23.85 | 450 150 450 150 | 1325 | 20 | 26.50 | 450 150 450 150 | 1325 | 22 | 29.15 | 450 150 450 150 | 1325 | 24 | 31.80 | 450 150 450 150 | 1325 | 26 | 34.45 |
| 两个墩帽 | ⑤ | ϕ10 | 200 350 350 550 150 550 | 2275 | 23×2 | 104.65 | 200 350 350 550 150 550 | 2275 | 23×2 | 104.65 | 200 350 350 550 150 550 | 2275 | 23×2 | 104.65 | 200 350 350 550 150 550 | 2275 | 23×2 | 104.65 | 200 350 350 550 150 550 | 2275 | 23×2 | 104.65 |
| | ⑥ | Φ16 | 4350 | 4350 | 10×2 | 87.00 | 4350 | 4350 | 10×2 | 87.00 | 4350 | 4350 | 10×2 | 87.00 | 4350 | 4350 | 10×2 | 87.00 | 4350 | 4350 | 10×2 | 87.00 |
| | ⑦ | Φ16 | 700 | 700 | 69×2 | 96.60 | 700 | 700 | 69×2 | 96.60 | 700 | 700 | 69×2 | 96.60 | 700 | 700 | 69×2 | 96.60 | 700 | 700 | 69×2 | 96.60 |

# 材料表

| 部位 | 项目 / 型号 | 单位重 (kg/m) | L=1600mm | | L=1800mm | | L=2000mm | | L=2200mm | | L=2400mm | |
|---|---|---|---|---|---|---|---|---|---|---|---|---|
| | | | 总长 (m) | 总重 (kg) | 总长 (m) | 总重 (kg) | 总长 (m) | 总重 (kg) | 总长 (m) | 总重 (kg) | 总长 (m) | 总重 (kg) |
| 桥面板 | Φ20 | 2.470 | 35.65 | 88.06 | 40.25 | 99.42 | 44.85 | 110.78 | 49.45 | 122.14 | 54.05 | 133.50 |
| | Φ16 | 1.580 | 120.15 | 189.84 | 134.25 | 212.12 | 148.35 | 234.39 | 162.45 | 256.67 | 176.55 | 278.95 |
| | ϕ10 | 0.617 | 23.85 | 14.72 | 26.50 | 16.35 | 29.15 | 17.99 | 31.80 | 19.62 | 34.45 | 21.26 |
| 墩帽 | Φ16 | 1.580 | 183.60 | 290.09 | 183.60 | 290.09 | 183.60 | 290.09 | 183.60 | 290.09 | 183.60 | 290.09 |
| | ϕ10 | 0.617 | 104.65 | 64.57 | 104.65 | 64.57 | 104.65 | 64.57 | 104.65 | 64.57 | 104.65 | 64.57 |
| | Σ (kg) | | 647.28 | | 682.55 | | 717.83 | | 753.10 | | 788.38 | |
| 桥面板 | C25钢筋混凝土 ($m^3$) | | 1.600 | | 1.800 | | 2.000 | | 2.200 | | 2.400 | |
| 墩帽 | C25钢筋混凝土 ($m^3$) | | 1.496 | | 1.496 | | 1.496 | | 1.496 | | 1.496 | |

说明:

1. 图中尺寸单位以mm计。
2. 钢筋净保护层为25mm,混凝土强度等级为C25。
3. 钢筋弯钩长度为6.25d。
4. ⑦插筋应与墩帽钢筋绑扎或焊接在一起。
5. 本套图共2张，应配合使用。

| 第三部分 小型U型渠道及建筑物 | | | |
|---|---|---|---|
| 图名 | 机耕桥配筋图（2/2） | 图号 | 3-18 |

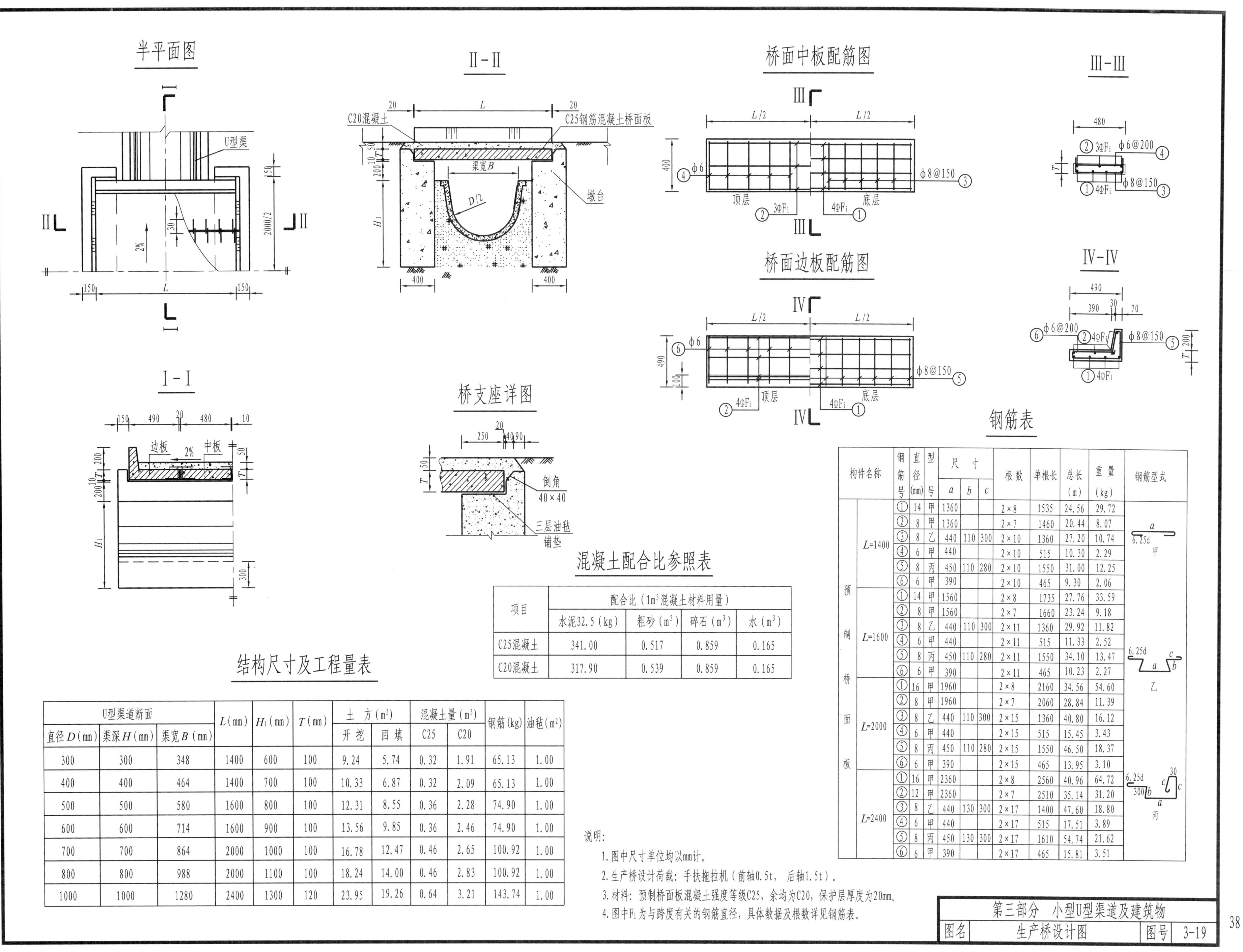


## 钢筋表

| 构件名称 | | 钢筋号 | 直径(mm) | 型号 | 尺寸 a | 尺寸 b | 尺寸 c | 根数 | 单根长 | 总长(m) | 重量(kg) | 钢筋型式 |
|---|---|---|---|---|---|---|---|---|---|---|---|---|
| 预制桥面板 | L=1400 | ① | 14 | 甲 | 1360 | | | 2×8 | 1535 | 24.56 | 29.72 | |
| | | ② | 8 | 甲 | 1360 | | | 2×7 | 1460 | 20.44 | 8.07 | |
| | | ③ | 8 | 乙 | 440 | 110 | 300 | 2×10 | 1360 | 27.20 | 10.74 | |
| | | ④ | 6 | 甲 | 440 | | | 2×10 | 515 | 10.30 | 2.29 | |
| | | ⑤ | 8 | 丙 | 450 | 110 | 280 | 2×10 | 1550 | 31.00 | 12.25 | |
| | | ⑥ | 6 | 甲 | 390 | | | 2×10 | 465 | 9.30 | 2.06 | |
| | L=1600 | ① | 14 | 甲 | 1560 | | | 2×8 | 1735 | 27.76 | 33.59 | |
| | | ② | 8 | 甲 | 1560 | | | 2×7 | 1660 | 23.24 | 9.18 | |
| | | ③ | 8 | 乙 | 440 | 110 | 300 | 2×11 | 1360 | 29.92 | 11.82 | |
| | | ④ | 6 | 甲 | 440 | | | 2×11 | 515 | 11.33 | 2.52 | |
| | | ⑤ | 8 | 丙 | 450 | 110 | 280 | 2×11 | 1550 | 34.10 | 13.47 | |
| | | ⑥ | 6 | 甲 | 390 | | | 2×11 | 465 | 10.23 | 2.27 | |
| | L=2000 | ① | 16 | 甲 | 1960 | | | 2×8 | 2160 | 34.56 | 54.60 | |
| | | ② | 8 | 甲 | 1960 | | | 2×7 | 2060 | 28.84 | 11.39 | |
| | | ③ | 8 | 乙 | 440 | 110 | 300 | 2×15 | 1360 | 40.80 | 16.12 | |
| | | ④ | 6 | 甲 | 440 | | | 2×15 | 515 | 15.45 | 3.43 | |
| | | ⑤ | 8 | 丙 | 450 | 110 | 280 | 2×15 | 1550 | 46.50 | 18.37 | |
| | | ⑥ | 6 | 甲 | 390 | | | 2×15 | 465 | 13.95 | 3.10 | |
| | L=2400 | ① | 16 | 甲 | 2360 | | | 2×8 | 2560 | 40.96 | 64.72 | |
| | | ② | 12 | 甲 | 2360 | | | 2×7 | 2510 | 35.14 | 31.20 | |
| | | ③ | 8 | 乙 | 440 | 130 | 300 | 2×17 | 1400 | 47.60 | 18.80 | |
| | | ④ | 6 | 甲 | 440 | | | 2×17 | 515 | 17.51 | 3.89 | |
| | | ⑤ | 8 | 丙 | 450 | 130 | 300 | 2×17 | 1610 | 54.74 | 21.62 | |
| | | ⑥ | 6 | 甲 | 390 | | | 2×17 | 465 | 15.81 | 3.51 | |

## 混凝土配合比参照表

| 项目 | 配合比（1m³混凝土材料用量） | | | |
|---|---|---|---|---|
| | 水泥32.5（kg） | 粗砂（m³） | 碎石（m³） | 水（m³） |
| C25混凝土 | 341.00 | 0.517 | 0.859 | 0.165 |
| C20混凝土 | 317.90 | 0.539 | 0.859 | 0.165 |

## 结构尺寸及工程量表

| U型渠道断面 直径D（mm） | 渠深H（mm） | 渠宽B（mm） | L（mm） | $H_1$（mm） | T（mm） | 土方（m³） 开挖 | 回填 | 混凝土量（m³） C25 | C20 | 钢筋（kg） | 油毡（m²） |
|---|---|---|---|---|---|---|---|---|---|---|---|
| 300 | 300 | 348 | 1400 | 600 | 100 | 9.24 | 5.74 | 0.32 | 1.91 | 65.13 | 1.00 |
| 400 | 400 | 464 | 1400 | 700 | 100 | 10.33 | 6.87 | 0.32 | 2.09 | 65.13 | 1.00 |
| 500 | 500 | 580 | 1600 | 800 | 100 | 12.31 | 8.55 | 0.36 | 2.28 | 74.90 | 1.00 |
| 600 | 600 | 714 | 1600 | 900 | 100 | 13.56 | 9.85 | 0.36 | 2.46 | 74.90 | 1.00 |
| 700 | 700 | 864 | 2000 | 1000 | 100 | 16.78 | 12.47 | 0.46 | 2.65 | 100.92 | 1.00 |
| 800 | 800 | 988 | 2000 | 1100 | 100 | 18.24 | 14.00 | 0.46 | 2.83 | 100.92 | 1.00 |
| 1000 | 1000 | 1280 | 2400 | 1300 | 120 | 23.95 | 19.26 | 0.64 | 3.21 | 143.74 | 1.00 |

说明：

1. 图中尺寸单位均以mm计。
2. 生产桥设计荷载：手扶拖拉机（前轴0.5t，后轴1.5t）。
3. 材料：预制桥面板混凝土强度等级C25，余均为C20，保护层厚度为20mm。
4. 图中$F_i$为与跨度有关的钢筋直径，具体数据及根数详见钢筋表。



图名　生产桥设计图　图号　3-19

下游半立视图　　上游半立视图

A　A

200　B　200

锁锭梁

200×300 C20现浇混凝土柱

≥H+200　200　H　H　200

回填土　回填土

D/2

Φ16插筋
单根长100mm

A-A

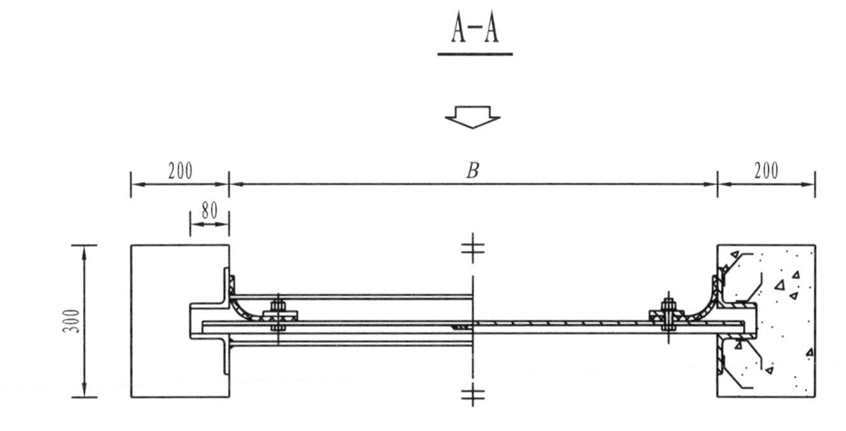


## 渠道要素表

| 直径$D$ (mm) | 渠道宽度$B$ (mm) | 水深$h$ (mm) | 渠深$H$ (mm) |
| --- | --- | --- | --- |
| 300 | 348 | 200 | 300 |
| 400 | 464 | 300 | 400 |
| 500 | 580 | 400 | 500 |
| 600 | 714 | 450 | 600 |
| 700 | 864 | 550 | 700 |
| 800 | 988 | 650 | 800 |
| 1000 | 1280 | 800 | 1000 |

说明:

1. 图中尺寸单位以mm计。
2. 闸门下游侧采用2根φ16或φ12圆钢作为加强梁兼做滑块，门板采用厚度为6mm或4mm的钢板制作，具体规格可根据渠道尺寸和实际情况选取；闸门止水选用条形橡皮，采用M12螺栓固定于面板上游侧。
3. 门槽埋件采用∠80×10 等边角钢制作，插筋应与门槽角钢焊接在一起。下游侧门槽顶端加焊锁定梁，用于锁定闸门于适当位置，锁定梁厚度与门板相同。
4. 闸门制作完毕需防腐处理。

| 第三部分　小型U型渠道及建筑物 | | | |
| --- | --- | --- | --- |
| 图名 | 简易钢闸门设计图 | 图号 | 3-20 |

# 第四部分　量水设施

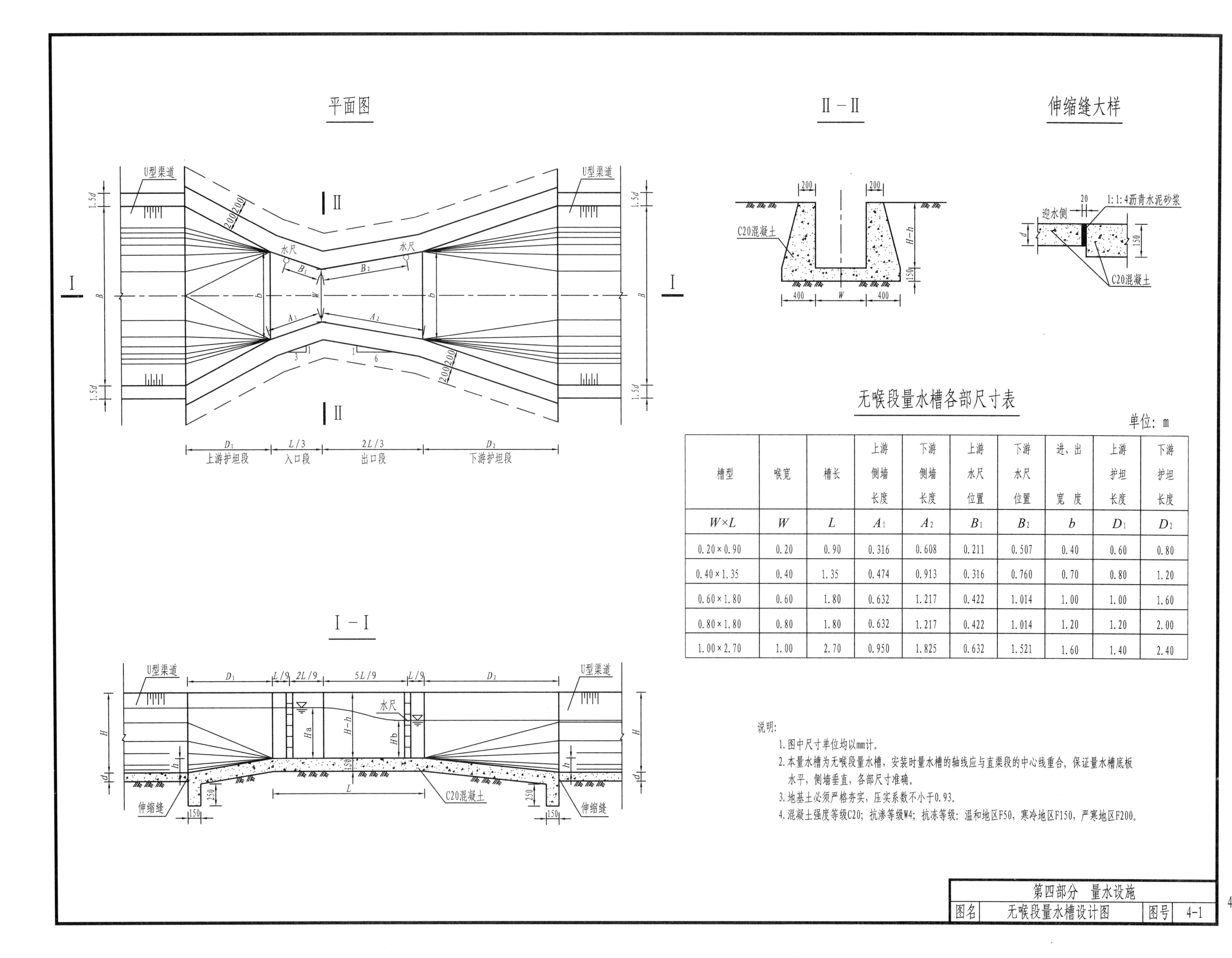


## 无喉段量水槽各部尺寸表

单位：m

| 槽型 | 喉宽 | 槽长 | 上游侧墙长度 | 下游侧墙长度 | 上游水尺位置 | 下游水尺位置 | 进、出宽度 | 上游护坦长度 | 下游护坦长度 |
|---|---|---|---|---|---|---|---|---|---|
| $W \times L$ | $W$ | $L$ | $A_1$ | $A_2$ | $B_1$ | $B_2$ | $b$ | $D_1$ | $D_2$ |
| 0.20×0.90 | 0.20 | 0.90 | 0.316 | 0.608 | 0.211 | 0.507 | 0.40 | 0.60 | 0.80 |
| 0.40×1.35 | 0.40 | 1.35 | 0.474 | 0.913 | 0.316 | 0.760 | 0.70 | 0.80 | 1.20 |
| 0.60×1.80 | 0.60 | 1.80 | 0.632 | 1.217 | 0.422 | 1.014 | 1.00 | 1.00 | 1.60 |
| 0.80×1.80 | 0.80 | 1.80 | 0.632 | 1.217 | 0.422 | 1.014 | 1.20 | 1.20 | 2.00 |
| 1.00×2.70 | 1.00 | 2.70 | 0.950 | 1.825 | 0.632 | 1.521 | 1.60 | 1.40 | 2.40 |

说明：

1. 图中尺寸单位均以mm计。
2. 本量水槽为无喉段量水槽，安装时量水槽的轴线应与直渠段的中心线重合，保证量水槽底板水平，侧墙垂直，各部尺寸准确。
3. 地基土必须严格夯实，压实系数不小于0.93。
4. 混凝土强度等级C20，抗渗等级W4；抗冻等级：温和地区F50，寒冷地区F150，严寒地区F200。

| 第四部分　量水设施 | | | |
|---|---|---|---|
| 图名 | 无喉段量水槽设计图 | 图号 | 4-1 |

# 无喉段量水槽自由流流量表

| Ha (cm) | 自由流流量(L/s) | | | | |
|---|---|---|---|---|---|
| | W=0.20m L=0.90m | W=0.40m L=1.35m | W=0.60m L=1.80m | W=0.80m L=1.80m | W=1.00m L=2.70m |
| 6 | 4 | 8 | | | |
| 7 | 6 | 11 | | | |
| 8 | 7 | 14 | | | |
| 9 | 9 | 17 | | | |
| 10 | 11 | 20 | 32 | 43 | 58 |
| 11 | 13 | 24 | 37 | 50 | 68 |
| 12 | 15 | 28 | 43 | 58 | 77 |
| 13 | 18 | 32 | 49 | 66 | 88 |
| 14 | 20 | 36 | 56 | 75 | 99 |
| 15 | 23 | 41 | 62 | 84 | 110 |
| 16 | 26 | 45 | 69 | 93 | 122 |
| 17 | 29 | 50 | 77 | 103 | 134 |
| 18 | 32 | 56 | 84 | 113 | 146 |
| 19 | 35 | 61 | 92 | 123 | 159 |
| 20 | 38 | 66 | 100 | 134 | 173 |
| 21 | 42 | 72 | 108 | 145 | 186 |
| 22 | 46 | 78 | 117 | 157 | 200 |
| 23 | 49 | 84 | 126 | 169 | 215 |
| 24 | 53 | 91 | 135 | 181 | 230 |
| 25 | 57 | 97 | 144 | 194 | 245 |
| 26 | 62 | 104 | 154 | 206 | 261 |
| 27 | 66 | 111 | 164 | 220 | 276 |
| 28 | 70 | 118 | 174 | 233 | 293 |
| 29 | 75 | 125 | 184 | 247 | 309 |
| 30 | 80 | 133 | 194 | 261 | 326 |
| 31 | 85 | 141 | 205 | 275 | 343 |
| 32 | 90 | 148 | 216 | 290 | 361 |
| 33 | 95 | 157 | 227 | 305 | 379 |
| 34 | 100 | 165 | 239 | 320 | 397 |
| 35 | 105 | 173 | 250 | 336 | 416 |
| 36 | 111 | 182 | 262 | 352 | 434 |
| 37 | 116 | 190 | 274 | 368 | 453 |
| 38 | 122 | 199 | 286 | 385 | 473 |
| 39 | 128 | 208 | 299 | 401 | 493 |
| 40 | 134 | 217 | 312 | 418 | 512 |
| 41 | 140 | 227 | 324 | 436 | 533 |
| 42 | 146 | 236 | 337 | 453 | 553 |
| 43 | 152 | 246 | 351 | 471 | 574 |
| 44 | 159 | 256 | 364 | 489 | 595 |
| 45 | 165 | 266 | 378 | 507 | 617 |
| 46 | 172 | 276 | 392 | 526 | 638 |
| 47 | 179 | 287 | 406 | 545 | 660 |
| 48 | 186 | 297 | 420 | 564 | 682 |
| 49 | 193 | 308 | 435 | 584 | 705 |
| 50 | 200 | 318 | 449 | 603 | 728 |
| 51 | 207 | 329 | 464 | 623 | 750 |
| 52 | 214 | 341 | 479 | 643 | 774 |
| 53 | 222 | 352 | 494 | 664 | 797 |
| 54 | 230 | 363 | 510 | 684 | 821 |
| 55 | 237 | 375 | 525 | 705 | 845 |
| 56 | 245 | 387 | 541 | 726 | 869 |
| 57 | 253 | 398 | 557 | 748 | 894 |
| 58 | 261 | 411 | 573 | 769 | 918 |
| 59 | 269 | 423 | 589 | 791 | 943 |
| 60 | 278 | 435 | 606 | 813 | 969 |
| 61 | | | 622 | 836 | 994 |
| 62 | | | 639 | 858 | 1020 |
| 63 | | | 656 | 881 | 1046 |
| 64 | | | 673 | 904 | 1072 |
| 65 | | | 691 | 928 | 1098 |
| 66 | | | 708 | 951 | 1125 |
| 67 | | | 726 | 975 | 1152 |
| 68 | | | 744 | 999 | 1179 |
| 69 | | | 762 | 1023 | 1206 |
| 70 | | | 780 | 1047 | 1234 |
| 71 | | | 798 | 1072 | 1262 |
| 72 | | | 817 | 1097 | 1290 |
| 73 | | | 836 | 1122 | 1318 |
| 74 | | | 854 | 1147 | 1346 |
| 75 | | | 873 | 1173 | 1375 |
| 76 | | | 893 | 1199 | 1404 |
| 77 | | | 912 | 1225 | 1433 |
| 78 | | | 931 | 1251 | 1462 |
| 79 | | | 951 | 1277 | 1492 |
| 80 | | | 971 | 1304 | 1522 |
| 81 | | | | | 1552 |
| 82 | | | | | 1582 |
| 83 | | | | | 1612 |
| 84 | | | | | 1643 |
| 85 | | | | | 1674 |
| 86 | | | | | 1705 |
| 87 | | | | | 1736 |
| 88 | | | | | 1767 |
| 89 | | | | | 1799 |
| 90 | | | | | 1831 |
| 91 | | | | | 1863 |
| 92 | | | | | 1895 |
| 93 | | | | | 1927 |
| 94 | | | | | 1960 |
| 95 | | | | | 1993 |
| 96 | | | | | 2026 |
| 97 | | | | | 2059 |
| 98 | | | | | 2093 |
| 99 | | | | | 2126 |
| 100 | | | | | 2160 |

# 无喉段量水槽自由流系数和指数查用表

| W (m) | 0.20 | 0.40 | 0.60 | 0.80 | 1.00 |
|---|---|---|---|---|---|
| L (m) | 0.90 | 1.35 | 1.80 | 1.80 | 2.70 |
| $C_1$ | 0.696 | 1.042 | 1.40 | 1.88 | 2.16 |
| $n_1$ | 1.80 | 1.71 | 1.64 | 1.64 | 1.57 |
| $K_1$ | 3.65 | 2.68 | 2.36 | 2.36 | 2.16 |

说明:

自由流流量计算公式:

$$Q=C_1 H_a^{n_1}$$

$$C_1=K_1 W^{1.025}$$

式中:

$Q$——过槽流量(m³/s);

$C_1$——自由流系数;

$H_a$——槽内上游水深(m);

$H_b$——槽内下游水深(m);

$n_1$——自由流指数;

$K_1$——自由流槽长系数;

$W$——量水槽喉宽(m);

$L$——量水槽长度(m)。

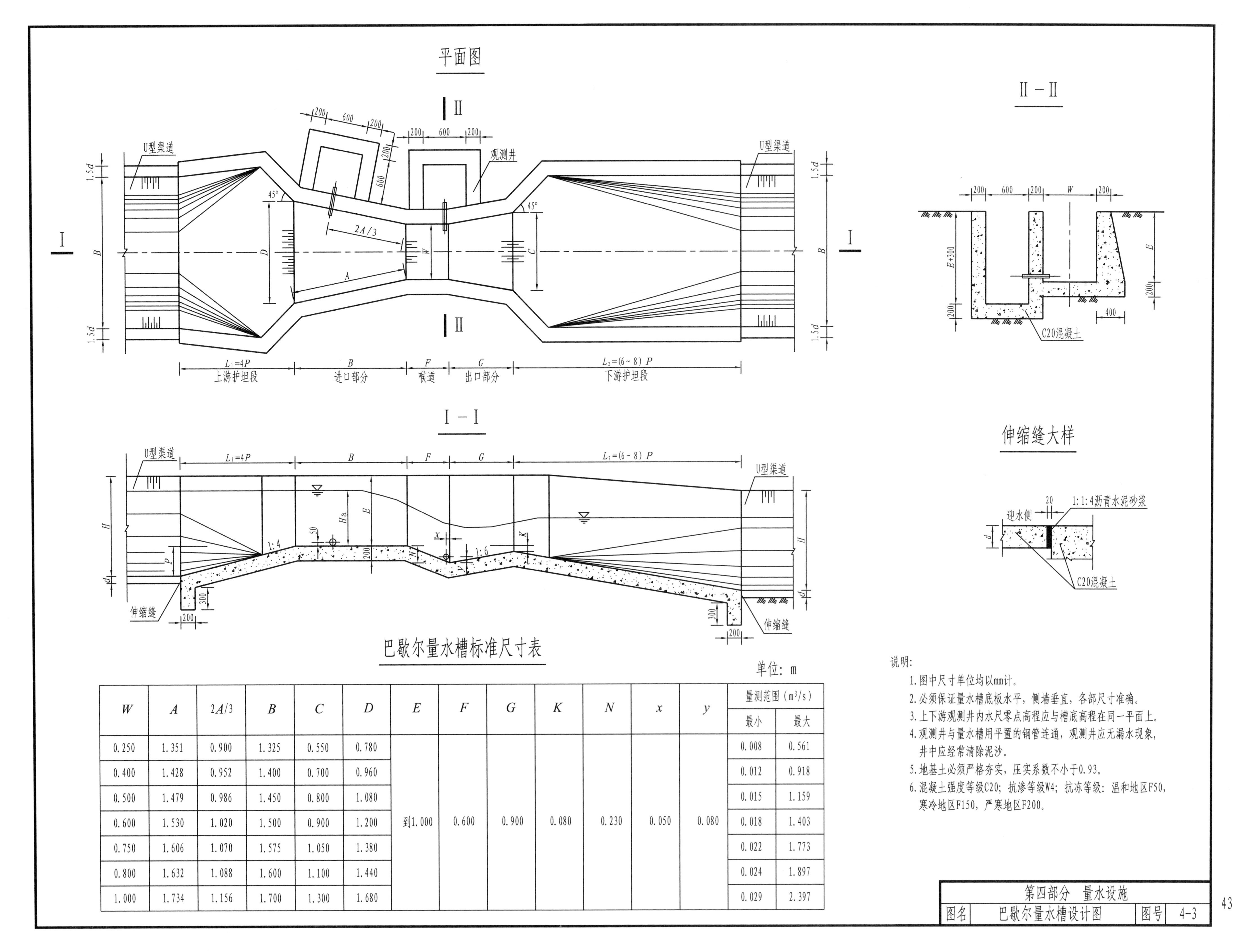


## 巴歇尔量水槽标准尺寸表

单位：m

| $W$ | $A$ | $2A/3$ | $B$ | $C$ | $D$ | $E$ | $F$ | $G$ | $K$ | $N$ | $x$ | $y$ | 量测范围（$m^3/s$） | |
|---|---|---|---|---|---|---|---|---|---|---|---|---|---|---|
| | | | | | | | | | | | | | 最小 | 最大 |
| 0.250 | 1.351 | 0.900 | 1.325 | 0.550 | 0.780 | | | | | | | | 0.008 | 0.561 |
| 0.400 | 1.428 | 0.952 | 1.400 | 0.700 | 0.960 | | | | | | | | 0.012 | 0.918 |
| 0.500 | 1.479 | 0.986 | 1.450 | 0.800 | 1.080 | | | | | | | | 0.015 | 1.159 |
| 0.600 | 1.530 | 1.020 | 1.500 | 0.900 | 1.200 | 到1.000 | 0.600 | 0.900 | 0.080 | 0.230 | 0.050 | 0.080 | 0.018 | 1.403 |
| 0.750 | 1.606 | 1.070 | 1.575 | 1.050 | 1.380 | | | | | | | | 0.022 | 1.773 |
| 0.800 | 1.632 | 1.088 | 1.600 | 1.100 | 1.440 | | | | | | | | 0.024 | 1.897 |
| 1.000 | 1.734 | 1.156 | 1.700 | 1.300 | 1.680 | | | | | | | | 0.029 | 2.397 |

说明：

1. 图中尺寸单位均以mm计。
2. 必须保证量水槽底板水平，侧墙垂直，各部尺寸准确。
3. 上下游观测井内水尺零点高程应与槽底高程在同一平面上。
4. 观测井与量水槽用平置的钢管连通，观测井应无漏水现象，井中应经常清除泥沙。
5. 地基土必须严格夯实，压实系数不小于0.93。
6. 混凝土强度等级C20；抗渗等级W4；抗冻等级：温和地区F50，寒冷地区F150，严寒地区F200。



图名 巴歇尔量水槽设计图 图号 4-3

# 巴歇尔量水槽自由流流量表

| $H_a$(cm) | 自由流流量(L/s) | | | | | | | $H_a$(cm) | 自由流流量(L/s) | | | | | | |
|---|---|---|---|---|---|---|---|---|---|---|---|---|---|---|---|
| | $W$=0.25m | $W$=0.40m | $W$=0.50m | $W$=0.60m | $W$=0.75m | $W$=0.80m | $W$=1.00m | | $W$=0.25m | $W$=0.40m | $W$=0.50m | $W$=0.60m | $W$=0.75m | $W$=0.80m | $W$=1.00m |
| 6 | 8 | 12 | 15 | 18 | 22 | 24 | 29 | 54 | 221 | 357 | 449 | 541 | 679 | 726 | 912 |
| 7 | 10 | 16 | 19 | 23 | 28 | 30 | 37 | 55 | 227 | 367 | 461 | 556 | 699 | 747 | 938 |
| 8 | 12 | 19 | 24 | 28 | 35 | 37 | 46 | 56 | 233 | 377 | 474 | 572 | 719 | 768 | 965 |
| 9 | 15 | 23 | 28 | 34 | 42 | 44 | 55 | 57 | 240 | 388 | 488 | 588 | 739 | 789 | 992 |
| 10 | 17 | 27 | 33 | 40 | 49 | 52 | 65 | 58 | 246 | 398 | 501 | 604 | 759 | 811 | 1020 |
| 11 | 20 | 31 | 39 | 46 | 57 | 61 | 75 | 59 | 252 | 409 | 514 | 620 | 780 | 833 | 1047 |
| 12 | 23 | 36 | 44 | 53 | 65 | 69 | 86 | 60 | 259 | 420 | 528 | 636 | 800 | 855 | 1075 |
| 13 | 26 | 40 | 50 | 60 | 74 | 79 | 98 | 61 | 266 | 430 | 541 | 653 | 821 | 877 | 1104 |
| 14 | 29 | 45 | 56 | 67 | 83 | 88 | 110 | 62 | 272 | 441 | 555 | 669 | 842 | 900 | 1132 |
| 15 | 32 | 50 | 62 | 74 | 92 | 98 | 122 | 63 | 279 | 452 | 569 | 686 | 863 | 923 | 1161 |
| 16 | 35 | 55 | 69 | 82 | 102 | 109 | 135 | 64 | 286 | 463 | 583 | 703 | 885 | 946 | 1190 |
| 17 | 38 | 61 | 76 | 90 | 112 | 120 | 149 | 65 | 292 | 474 | 597 | 720 | 906 | 969 | 1219 |
| 18 | 42 | 66 | 83 | 99 | 123 | 131 | 163 | 66 | 299 | 486 | 611 | 737 | 928 | 992 | 1249 |
| 19 | 45 | 72 | 90 | 107 | 134 | 142 | 177 | 67 | 306 | 497 | 625 | 755 | 950 | 1016 | 1279 |
| 20 | 49 | 78 | 97 | 116 | 145 | 154 | 192 | 68 | 313 | 508 | 640 | 772 | 972 | 1039 | 1309 |
| 21 | 53 | 84 | 105 | 125 | 156 | 166 | 207 | 69 | 320 | 520 | 654 | 790 | 995 | 1063 | 1339 |
| 22 | 57 | 90 | 112 | 135 | 168 | 179 | 223 | 70 | 327 | 531 | 669 | 808 | 1017 | 1088 | 1370 |
| 23 | 61 | 97 | 120 | 144 | 180 | 192 | 239 | 71 | 334 | 543 | 684 | 826 | 1040 | 1112 | 1401 |
| 24 | 65 | 103 | 129 | 154 | 192 | 205 | 255 | 72 | 341 | 555 | 699 | 844 | 1063 | 1136 | 1432 |
| 25 | 69 | 110 | 137 | 164 | 205 | 218 | 272 | 73 | 348 | 567 | 714 | 862 | 1086 | 1161 | 1463 |
| 26 | 73 | 117 | 145 | 174 | 218 | 232 | 290 | 74 | 356 | 579 | 729 | 880 | 1109 | 1186 | 1495 |
| 27 | 77 | 123 | 154 | 185 | 231 | 246 | 307 | 75 | 363 | 591 | 744 | 899 | 1133 | 1211 | 1526 |
| 28 | 82 | 131 | 163 | 196 | 244 | 260 | 325 | 76 | 370 | 603 | 760 | 918 | 1156 | 1236 | 1558 |
| 29 | 86 | 138 | 172 | 206 | 258 | 275 | 344 | 77 | 378 | 615 | 775 | 936 | 1180 | 1262 | 1591 |
| 30 | 91 | 145 | 181 | 218 | 272 | 290 | 362 | 78 | 385 | 627 | 791 | 955 | 1204 | 1288 | 1623 |
| 31 | 95 | 153 | 191 | 229 | 286 | 305 | 382 | 79 | 393 | 640 | 806 | 974 | 1228 | 1313 | 1656 |
| 32 | 100 | 160 | 200 | 240 | 301 | 321 | 401 | 80 | 400 | 652 | 822 | 993 | 1253 | 1339 | 1689 |
| 33 | 105 | 168 | 210 | 252 | 315 | 337 | 421 | 81 | 408 | 664 | 838 | 1013 | 1277 | 1366 | 1722 |
| 34 | 110 | 176 | 220 | 264 | 330 | 353 | 441 | 82 | 415 | 677 | 854 | 1032 | 1302 | 1392 | 1756 |
| 35 | 115 | 184 | 230 | 276 | 346 | 369 | 462 | 83 | 423 | 690 | 870 | 1052 | 1326 | 1419 | 1789 |
| 36 | 120 | 192 | 240 | 289 | 361 | 385 | 483 | 84 | 431 | 703 | 886 | 1071 | 1351 | 1445 | 1823 |
| 37 | 125 | 200 | 250 | 301 | 377 | 402 | 504 | 85 | 439 | 715 | 902 | 1091 | 1377 | 1472 | 1858 |
| 38 | 130 | 208 | 261 | 314 | 393 | 419 | 525 | 86 | 447 | 728 | 919 | 1111 | 1402 | 1499 | 1892 |
| 39 | 135 | 217 | 272 | 327 | 409 | 437 | 547 | 87 | 454 | 741 | 935 | 1131 | 1427 | 1527 | 1927 |
| 40 | 140 | 225 | 282 | 340 | 426 | 454 | 569 | 88 | 462 | 754 | 952 | 1151 | 1453 | 1554 | 1961 |
| 41 | 146 | 234 | 293 | 353 | 442 | 472 | 592 | 89 | 470 | 768 | 969 | 1172 | 1479 | 1582 | 1997 |
| 42 | 151 | 243 | 305 | 366 | 459 | 490 | 615 | 90 | 478 | 781 | 986 | 1192 | 1505 | 1610 | 2032 |
| 43 | 156 | 252 | 316 | 380 | 476 | 509 | 638 | 91 | 486 | 794 | 1002 | 1213 | 1531 | 1638 | 2067 |
| 44 | 162 | 261 | 327 | 394 | 494 | 527 | 661 | 92 | 494 | 808 | 1020 | 1233 | 1557 | 1666 | 2103 |
| 45 | 168 | 270 | 339 | 408 | 511 | 546 | 685 | 93 | 503 | 821 | 1037 | 1254 | 1584 | 1694 | 2139 |
| 46 | 173 | 279 | 350 | 422 | 529 | 565 | 709 | 94 | 511 | 835 | 1054 | 1275 | 1610 | 1723 | 2175 |
| 47 | 179 | 289 | 362 | 436 | 547 | 584 | 733 | 95 | 519 | 848 | 1071 | 1296 | 1637 | 1751 | 2212 |
| 48 | 185 | 298 | 374 | 450 | 565 | 604 | 758 | 96 | 527 | 862 | 1089 | 1317 | 1664 | 1780 | 2248 |
| 49 | 191 | 308 | 386 | 465 | 584 | 623 | 783 | 97 | 536 | 876 | 1106 | 1339 | 1691 | 1809 | 2285 |
| 50 | 197 | 317 | 398 | 480 | 602 | 643 | 808 | 98 | 544 | 890 | 1124 | 1360 | 1718 | 1838 | 2322 |
| 51 | 202 | 327 | 411 | 495 | 621 | 664 | 833 | 99 | 553 | 904 | 1141 | 1382 | 1745 | 1868 | 2360 |
| 52 | 209 | 337 | 423 | 510 | 640 | 684 | 859 | 100 | 561 | 918 | 1159 | 1403 | 1773 | 1897 | 2397 |
| 53 | 215 | 347 | 436 | 525 | 660 | 705 | 885 | | | | | | | | |

说明:

自由流流量计算公式: 淹没度 $S=H_a/H_b<0.7$。

$$Q=0.372W\left(\frac{H_a}{0.305}\right)^{1.569W^{0.026}}$$

式中:

$Q$——过槽流量($m^3/s$);

$H_a$——上游水深(m);

$H_b$——下游水深(m);

$W$——喉道宽度(m)。

# 第五部分　蓄水池

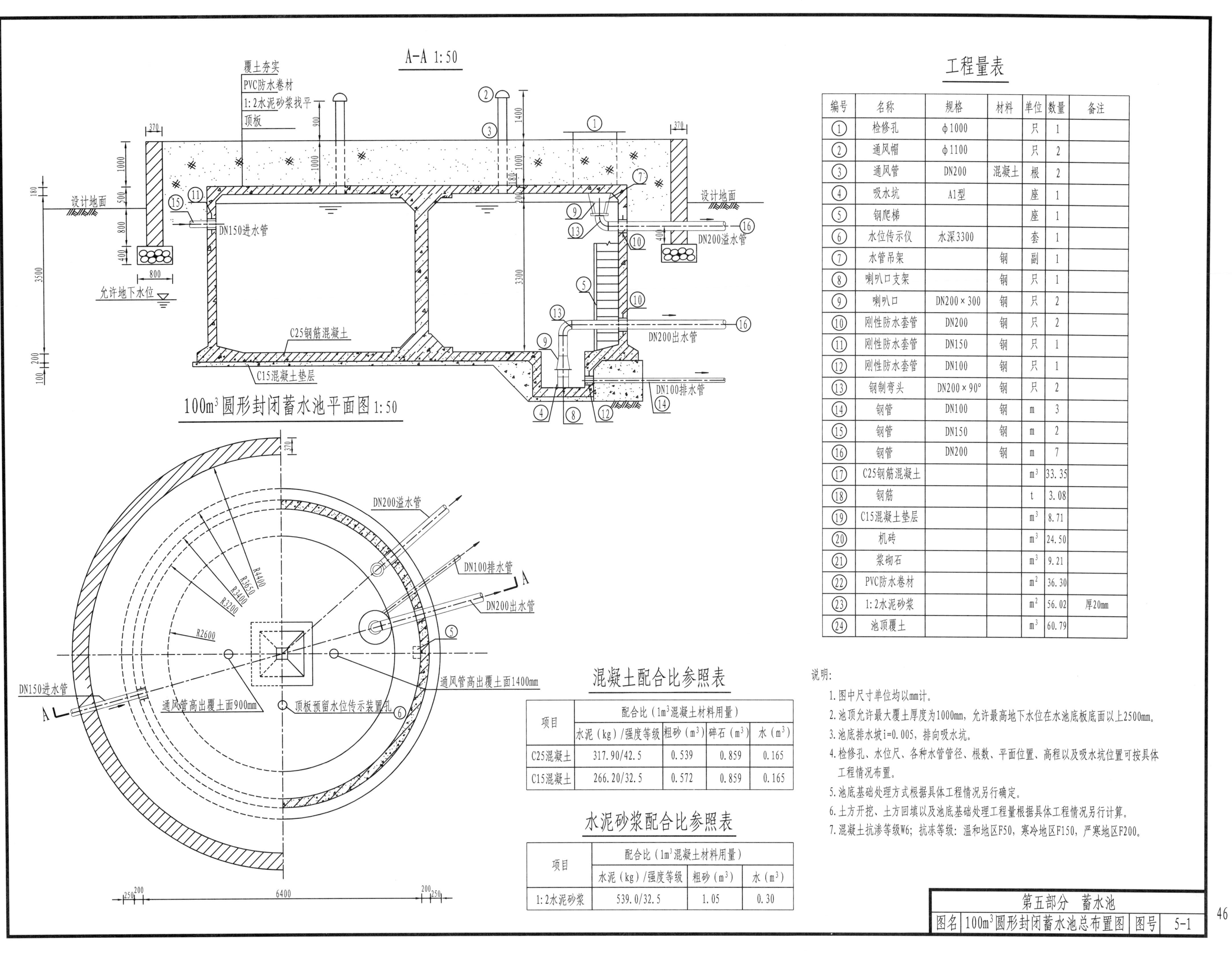


100m³圆形封闭蓄水池平面图 1:50

## 工程量表

| 编号 | 名称 | 规格 | 材料 | 单位 | 数量 | 备注 |
|---|---|---|---|---|---|---|
| ① | 检修孔 | ϕ1000 | | 只 | 1 | |
| ② | 通风帽 | ϕ1100 | | 只 | 2 | |
| ③ | 通风管 | DN200 | 混凝土 | 根 | 2 | |
| ④ | 吸水坑 | A1型 | | 座 | 1 | |
| ⑤ | 钢爬梯 | | | 座 | 1 | |
| ⑥ | 水位传示仪 | 水深3300 | | 套 | 1 | |
| ⑦ | 水管吊架 | | 钢 | 副 | 1 | |
| ⑧ | 喇叭口支架 | | 钢 | 只 | 1 | |
| ⑨ | 喇叭口 | DN200×300 | 钢 | 只 | 2 | |
| ⑩ | 刚性防水套管 | DN200 | 钢 | 只 | 2 | |
| ⑪ | 刚性防水套管 | DN150 | 钢 | 只 | 1 | |
| ⑫ | 刚性防水套管 | DN100 | 钢 | 只 | 1 | |
| ⑬ | 钢制弯头 | DN200×90° | 钢 | 只 | 2 | |
| ⑭ | 钢管 | DN100 | 钢 | m | 3 | |
| ⑮ | 钢管 | DN150 | 钢 | m | 2 | |
| ⑯ | 钢管 | DN200 | 钢 | m | 7 | |
| ⑰ | C25钢筋混凝土 | | | m³ | 33.35 | |
| ⑱ | 钢筋 | | | t | 3.08 | |
| ⑲ | C15混凝土垫层 | | | m³ | 8.71 | |
| ⑳ | 机砖 | | | m³ | 24.50 | |
| ㉑ | 浆砌石 | | | m³ | 9.21 | |
| ㉒ | PVC防水卷材 | | | m² | 36.30 | |
| ㉓ | 1:2水泥砂浆 | | | m² | 56.02 | 厚20mm |
| ㉔ | 池顶覆土 | | | m³ | 60.79 | |

## 混凝土配合比参照表

| 项目 | 配合比（1m³混凝土材料用量） | | | |
|---|---|---|---|---|
| | 水泥（kg）/强度等级 | 粗砂（m³） | 碎石（m³） | 水（m³） |
| C25混凝土 | 317.90/42.5 | 0.539 | 0.859 | 0.165 |
| C15混凝土 | 266.20/32.5 | 0.572 | 0.859 | 0.165 |

## 水泥砂浆配合比参照表

| 项目 | 配合比（1m³混凝土材料用量） | | |
|---|---|---|---|
| | 水泥（kg）/强度等级 | 粗砂（m³） | 水（m³） |
| 1:2水泥砂浆 | 539.0/32.5 | 1.05 | 0.30 |

说明：

1. 图中尺寸单位均以mm计。
2. 池顶允许最大覆土厚度为1000mm，允许最高地下水位在水池底板底面以上2500mm。
3. 池底排水坡i=0.005，排向吸水坑。
4. 检修孔、水位尺、各种水管管径、根数、平面位置、高程以及吸水坑位置可按具体工程情况布置。
5. 池底基础处理方式根据具体工程情况另行确定。
6. 土方开挖、土方回填以及池底基础处理工程量根据具体工程情况另行计算。
7. 混凝土抗渗等级W6；抗冻等级：温和地区F50，寒冷地区F150，严寒地区F200。

| 第五部分　蓄水池 | | | |
|---|---|---|---|
| 图名 | 100m³圆形封闭蓄水池总布置图 | 图号 | 5-1 |

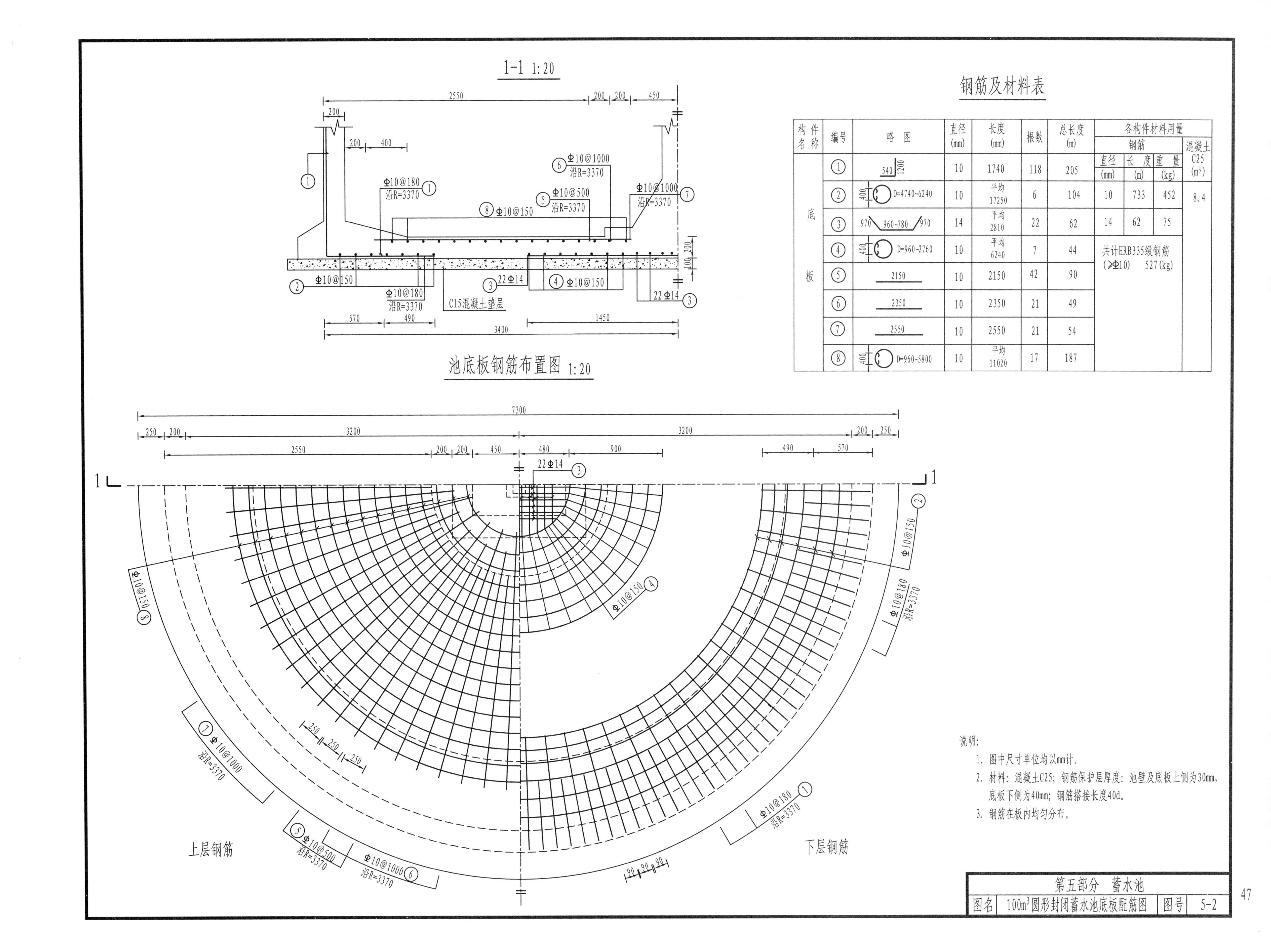


## 钢筋及材料表

| 构件名称 | 编号 | 略图 | 直径(mm) | 长度(mm) | 根数 | 总长度(m) | 各构件材料用量 钢筋 直径(mm) | 长度(m) | 重量(kg) | 混凝土C25(m³) |
|---|---|---|---|---|---|---|---|---|---|---|
| 底板 | ① | 540 1200 | 10 | 1740 | 118 | 205 | | | | |
| | ② | 400 D=4740~6240 | 10 | 平均 17250 | 6 | 104 | 10 | 733 | 452 | 8.4 |
| | ③ | 970 960~780 970 | 14 | 平均 2810 | 22 | 62 | 14 | 62 | 75 | |
| | ④ | 400 D=960~2760 | 10 | 平均 6240 | 7 | 44 | 共计HRB335级钢筋(≥Φ10) 527(kg) | | | |
| | ⑤ | 2150 | 10 | 2150 | 42 | 90 | | | | |
| | ⑥ | 2350 | 10 | 2350 | 21 | 49 | | | | |
| | ⑦ | 2550 | 10 | 2550 | 21 | 54 | | | | |
| | ⑧ | 400 D=960~5800 | 10 | 平均 11020 | 17 | 187 | | | | |

说明:

1. 图中尺寸单位均以mm计。
2. 材料：混凝土C25；钢筋保护层厚度：池壁及底板上侧为30mm，底板下侧为40mm；钢筋搭接长度40d。
3. 钢筋在板内均匀分布。

| 第五部分 蓄水池 | | | |
|---|---|---|---|
| 图名 | 100m³圆形封闭蓄水池底板配筋图 | 图号 | 5-2 |

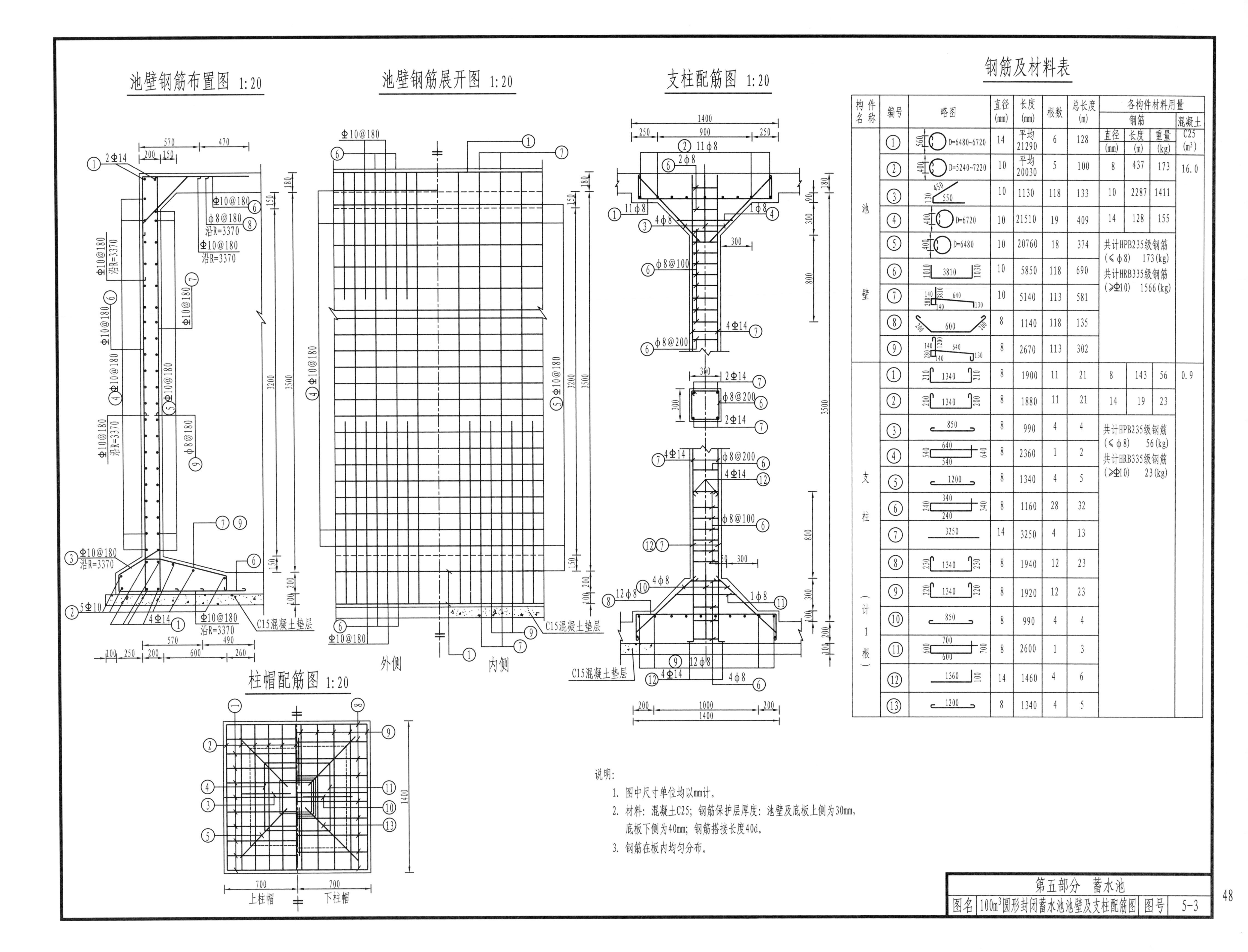


# 钢筋及材料表

| 构件名称 | 编号 | 略图 | 直径 (mm) | 长度 (mm) | 根数 | 总长度 (m) | 各构件材料用量 钢筋 直径 (mm) | 长度 (m) | 重量 (kg) | 混凝土 C25 (m³) |
|---|---|---|---|---|---|---|---|---|---|---|
| 池壁 | ① | D=6480~6720 | 14 | 平均 21290 | 6 | 128 | 8 | 437 | 173 | 16.0 |
| | ② | D=5240~7220 | 10 | 平均 20030 | 5 | 100 | 10 | 2287 | 1411 | |
| | ③ | 450 550 130 | 10 | 1130 | 118 | 133 | 14 | 128 | 155 | |
| | ④ | D=6720 | 10 | 21510 | 19 | 409 | 共计HPB235级钢筋 (≤ϕ8) 173(kg) 共计HRB335级钢筋 (≥Φ10) 1566(kg) | | | |
| | ⑤ | D=6480 | 10 | 20760 | 18 | 374 | | | | |
| | ⑥ | 1010 3810 1030 | 10 | 5850 | 118 | 690 | | | | |
| | ⑦ | 140 3810 280 640 130 | 10 | 5140 | 113 | 581 | | | | |
| | ⑧ | 200 600 200 | 8 | 1140 | 118 | 135 | | | | |
| | ⑨ | 140 1200 280 640 130 | 8 | 2670 | 113 | 302 | | | | |
| 支柱（计1根） | ① | 210 1340 210 | 8 | 1900 | 11 | 21 | 8 | 143 | 56 | 0.9 |
| | ② | 200 1340 200 | 8 | 1880 | 11 | 21 | 14 | 19 | 23 | |
| | ③ | 850 | 8 | 990 | 4 | 4 | 共计HPB235级钢筋 (≤ϕ8) 56(kg) 共计HRB335级钢筋 (≥Φ10) 23(kg) | | | |
| | ④ | 540 640 540 640 | 8 | 2360 | 1 | 2 | | | | |
| | ⑤ | 1200 | 8 | 1340 | 4 | 5 | | | | |
| | ⑥ | 240 340 240 340 | 8 | 1160 | 28 | 32 | | | | |
| | ⑦ | 3250 | 14 | 3250 | 4 | 13 | | | | |
| | ⑧ | 230 1340 230 | 8 | 1940 | 12 | 23 | | | | |
| | ⑨ | 220 1340 220 | 8 | 1920 | 12 | 23 | | | | |
| | ⑩ | 850 | 8 | 990 | 4 | 4 | | | | |
| | ⑪ | 600 700 600 700 | 8 | 2600 | 1 | 3 | | | | |
| | ⑫ | 1360 100 | 14 | 1460 | 4 | 6 | | | | |
| | ⑬ | 1200 | 8 | 1340 | 4 | 5 | | | | |

说明:

1. 图中尺寸单位均以mm计。
2. 材料：混凝土C25；钢筋保护层厚度：池壁及底板上侧为30mm，底板下侧为40mm；钢筋搭接长度40d。
3. 钢筋在板内均匀分布。



图名 100m³圆形封闭蓄水池池壁及支柱配筋图 图号 5-3

## 1-1 1:20

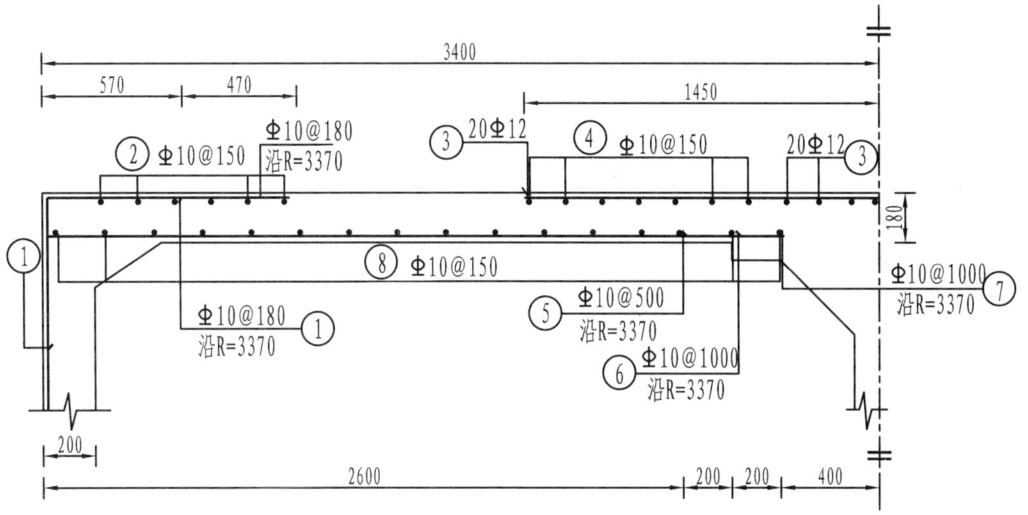

## 钢筋及材料表

| 构件名称 | 编号 | 略图 | 直径 (mm) | 长度 (mm) | 根数 | 总长度 (m) | 各构件材料用量 钢筋 直径 (mm) | 长度 (m) | 重量 (kg) | 混凝土 C25 $m^3$ |
|---|---|---|---|---|---|---|---|---|---|---|
| 顶板 | ① | 540 1200 | 10 | 1740 | 118 | 205 | | | | |
| | ② | 400 D=4740~6240 | 10 | 平均 17250 | 6 | 104 | 10 | 831 | 513 | 6.5 |
| | ③ | 970 960~780 970 | 12 | 平均 2810 | 20 | 56 | 12 | 56 | 50 | |
| | ④ | 400 D=960~2760 | 10 | 平均 6240 | 7 | 44 | 共计HRB335级钢筋 (≯Φ10) 563(kg) | | | |
| | ⑤ | 2570 | 10 | 2570 | 42 | 108 | | | | |
| | ⑥ | 2770 | 10 | 2770 | 21 | 58 | | | | |
| | ⑦ | 2970 | 10 | 2970 | 21 | 62 | | | | |
| | ⑧ | 400 D=960~6740 | 10 | 平均 12500 | 20 | 250 | | | | |

## 池顶板钢筋布置图 1:20

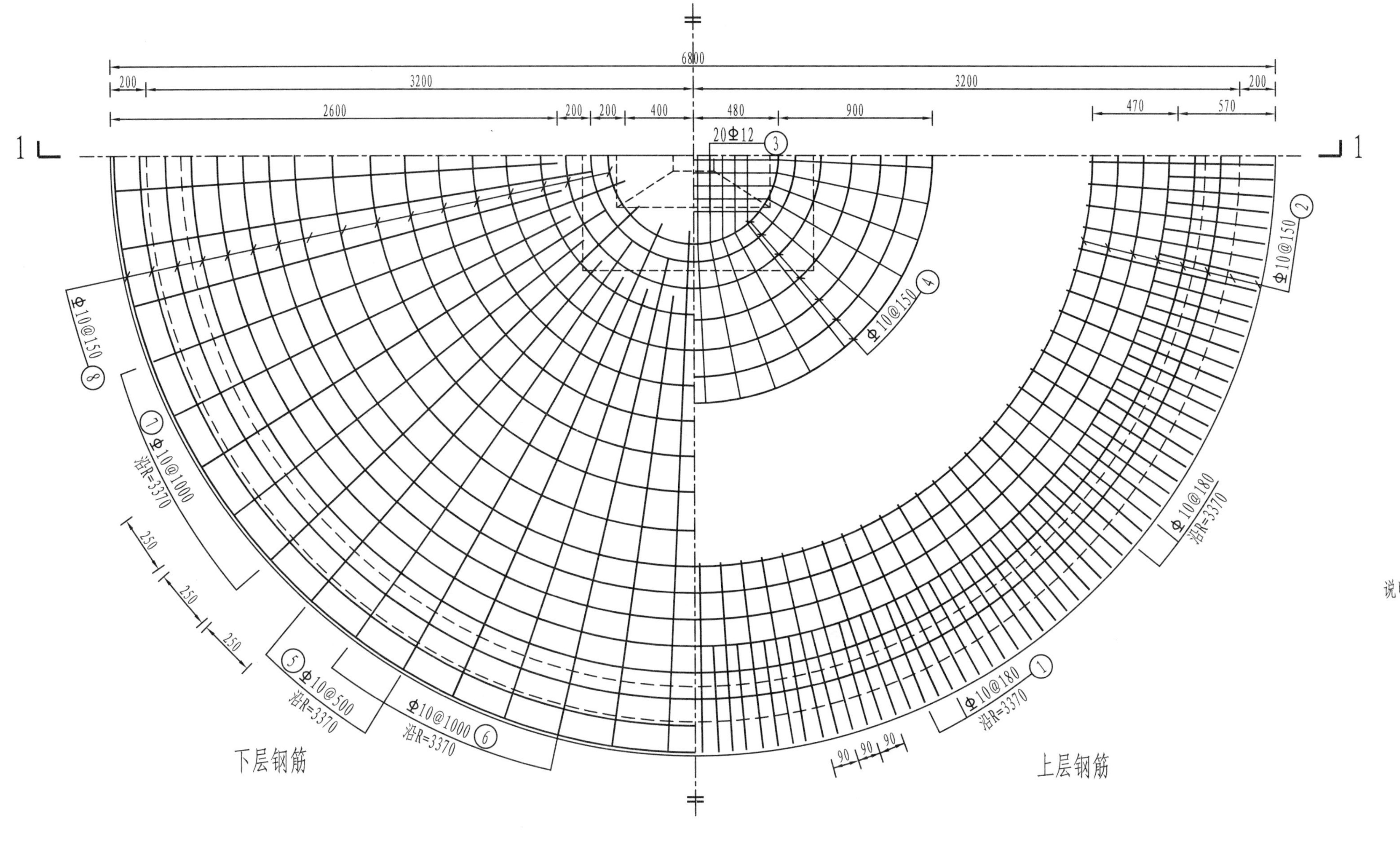

下层钢筋

上层钢筋

说明：

1. 图中尺寸单位均以mm计。
2. 材料：混凝土C25；钢筋保护层厚度：池壁及底板上侧为30mm，底板下侧为40mm；钢筋搭接长度40d。
3. 钢筋在板内均匀分布。

| 第五部分 蓄水池 | | | |
|---|---|---|---|
| 图名 | 100m³圆形封闭蓄水池顶板配筋图 | 图号 | 5-4 |

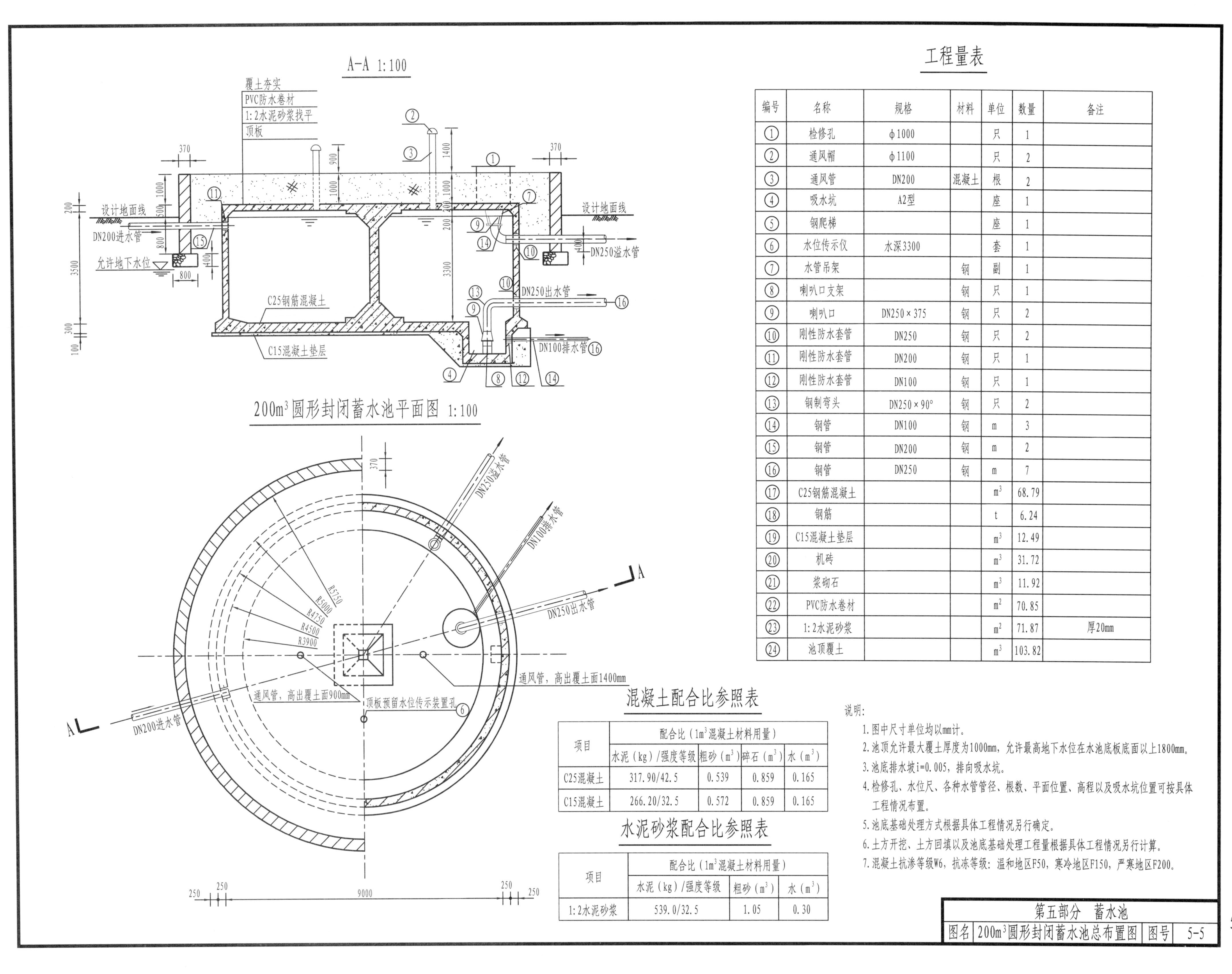


## 工程量表

| 编号 | 名称 | 规格 | 材料 | 单位 | 数量 | 备注 |
|---|---|---|---|---|---|---|
| ① | 检修孔 | φ1000 | | 只 | 1 | |
| ② | 通风帽 | φ1100 | | 只 | 2 | |
| ③ | 通风管 | DN200 | 混凝土 | 根 | 2 | |
| ④ | 吸水坑 | A2型 | | 座 | 1 | |
| ⑤ | 钢爬梯 | | | 座 | 1 | |
| ⑥ | 水位传示仪 | 水深3300 | | 套 | 1 | |
| ⑦ | 水管吊架 | | 钢 | 副 | 1 | |
| ⑧ | 喇叭口支架 | | 钢 | 只 | 1 | |
| ⑨ | 喇叭口 | DN250×375 | 钢 | 只 | 2 | |
| ⑩ | 刚性防水套管 | DN250 | 钢 | 只 | 2 | |
| ⑪ | 刚性防水套管 | DN200 | 钢 | 只 | 1 | |
| ⑫ | 刚性防水套管 | DN100 | 钢 | 只 | 1 | |
| ⑬ | 钢制弯头 | DN250×90° | 钢 | 只 | 2 | |
| ⑭ | 钢管 | DN100 | 钢 | m | 3 | |
| ⑮ | 钢管 | DN200 | 钢 | m | 2 | |
| ⑯ | 钢管 | DN250 | 钢 | m | 7 | |
| ⑰ | C25钢筋混凝土 | | | $m^3$ | 68.79 | |
| ⑱ | 钢筋 | | | t | 6.24 | |
| ⑲ | C15混凝土垫层 | | | $m^3$ | 12.49 | |
| ⑳ | 机砖 | | | $m^3$ | 31.72 | |
| ㉑ | 浆砌石 | | | $m^3$ | 11.92 | |
| ㉒ | PVC防水卷材 | | | $m^2$ | 70.85 | |
| ㉓ | 1:2水泥砂浆 | | | $m^2$ | 71.87 | 厚20mm |
| ㉔ | 池顶覆土 | | | $m^3$ | 103.82 | |

## 混凝土配合比参照表

| 项目 | 配合比（1m³混凝土材料用量） | | | |
|---|---|---|---|---|
| | 水泥（kg）/强度等级 | 粗砂（m³） | 碎石（m³） | 水（m³） |
| C25混凝土 | 317.90/42.5 | 0.539 | 0.859 | 0.165 |
| C15混凝土 | 266.20/32.5 | 0.572 | 0.859 | 0.165 |

## 水泥砂浆配合比参照表

| 项目 | 配合比（1m³混凝土材料用量） | | |
|---|---|---|---|
| | 水泥（kg）/强度等级 | 粗砂（m³） | 水（m³） |
| 1:2水泥砂浆 | 539.0/32.5 | 1.05 | 0.30 |

说明：

1. 图中尺寸单位均以mm计。
2. 池顶允许最大覆土厚度为1000mm，允许最高地下水位在水池底板底面以上1800mm。
3. 池底排水坡i=0.005，排向吸水坑。
4. 检修孔、水位尺、各种水管管径、根数、平面位置、高程以及吸水坑位置可按具体工程情况布置。
5. 池底基础处理方式根据具体工程情况另行确定。
6. 土方开挖、土方回填以及池底基础处理工程量根据具体工程情况另行计算。
7. 混凝土抗渗等级W6，抗冻等级：温和地区F50，寒冷地区F150，严寒地区F200。

| 第五部分 蓄水池 | | | |
|---|---|---|---|
| 图名 | 200m³圆形封闭蓄水池总布置图 | 图号 | 5-5 |

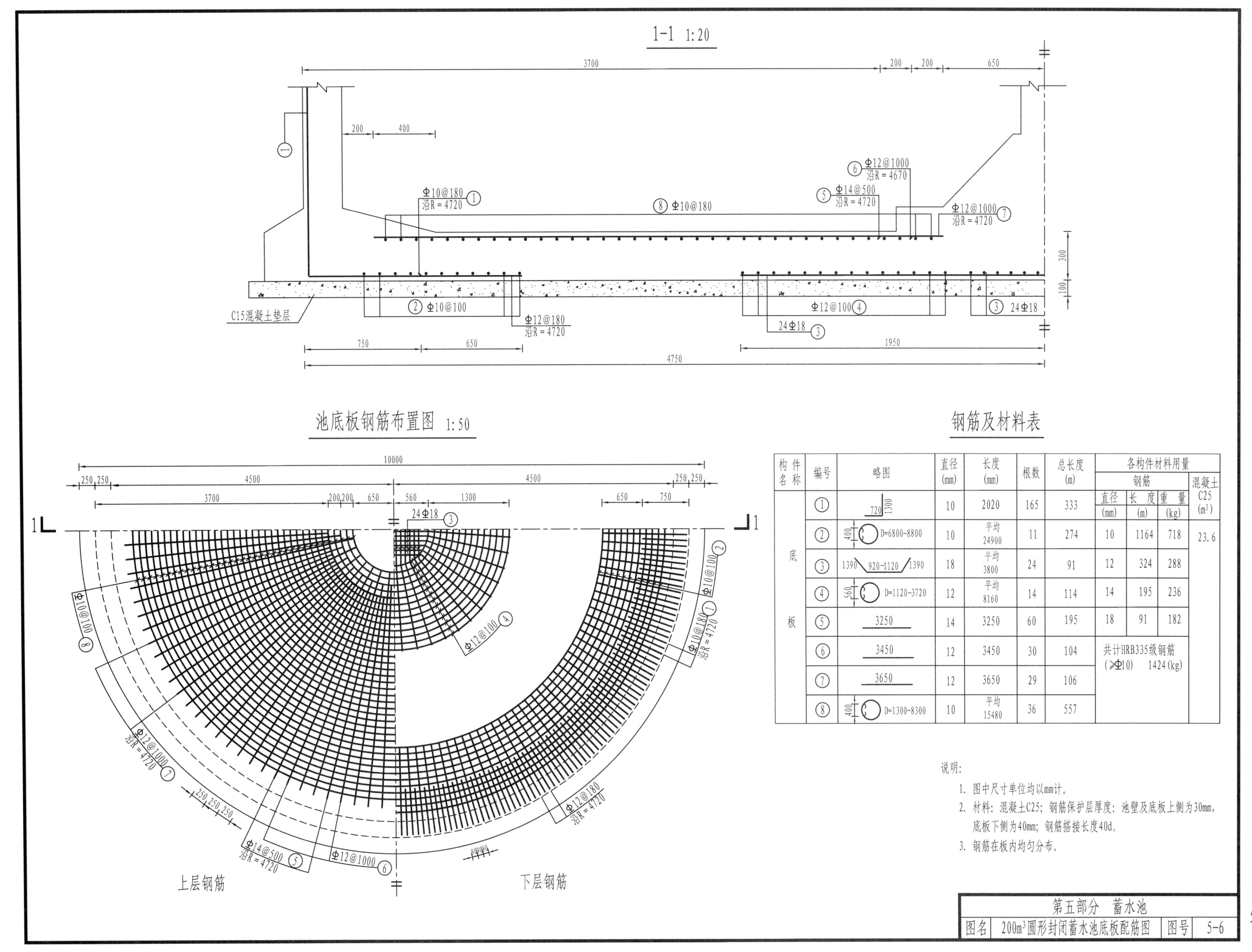


## 钢筋及材料表

| 构件名称 | 编号 | 略图 | 直径 (mm) | 长度 (mm) | 根数 | 总长度 (m) | 各构件材料用量 | | | |
|---|---|---|---|---|---|---|---|---|---|---|
| | | | | | | | 钢筋 | | | 混凝土 C25 (m³) |
| | | | | | | | 直径 (mm) | 长度 (m) | 重量 (kg) | |
| 底板 | ① | 720 / 1300 | 10 | 2020 | 165 | 333 | | | | |
| | ② | 400 D=6800~8800 | 10 | 平均 24900 | 11 | 274 | 10 | 1164 | 718 | 23.6 |
| | ③ | 1390 920~1120 1390 | 18 | 平均 3800 | 24 | 91 | 12 | 324 | 288 | |
| | ④ | 560 D=1120~3720 | 12 | 平均 8160 | 14 | 114 | 14 | 195 | 236 | |
| | ⑤ | 3250 | 14 | 3250 | 60 | 195 | 18 | 91 | 182 | |
| | ⑥ | 3450 | 12 | 3450 | 30 | 104 | 共计HRB335级钢筋 (≥Φ10) 1424(kg) | | | |
| | ⑦ | 3650 | 12 | 3650 | 29 | 106 | | | | |
| | ⑧ | 400 D=1300~8300 | 10 | 平均 15480 | 36 | 557 | | | | |

说明：

1. 图中尺寸单位均以mm计。
2. 材料：混凝土C25；钢筋保护层厚度：池壁及底板上侧为30mm，底板下侧为40mm；钢筋搭接长度40d。
3. 钢筋在板内均匀分布。

| 第五部分　蓄水池 | | | |
|---|---|---|---|
| 图名 | 200m³圆形封闭蓄水池底板配筋图 | 图号 | 5-6 |

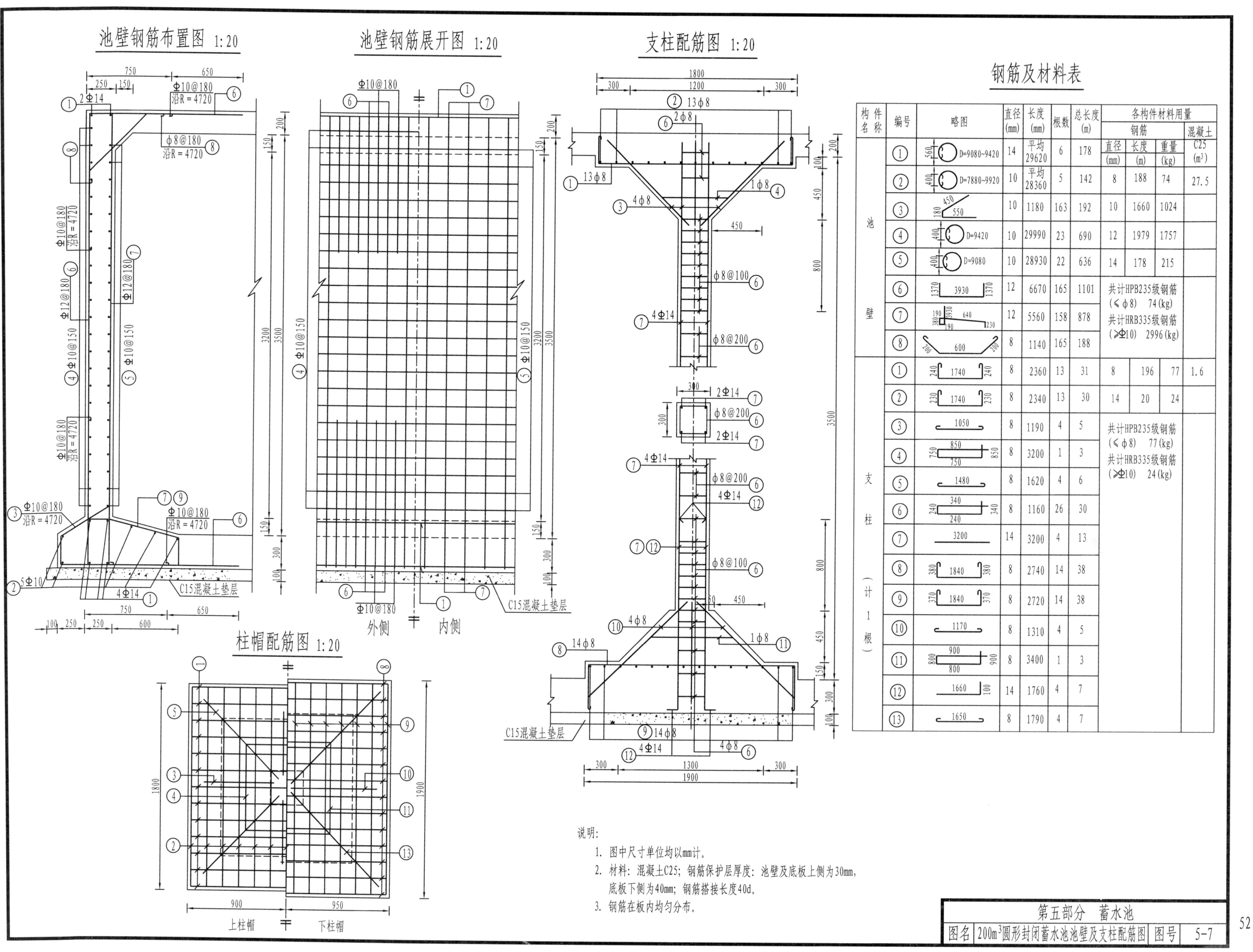


## 钢筋及材料表

| 构件名称 | 编号 | 略图 | 直径 (mm) | 长度 (mm) | 根数 | 总长度 (m) | 钢筋 直径 (mm) | 钢筋 长度 (m) | 钢筋 重量 (kg) | 混凝土 C25 (m³) |
|---|---|---|---|---|---|---|---|---|---|---|
| 池壁 | ① | D=9080~9420 | 14 | 平均 29620 | 6 | 178 | | | | |
| | ② | D=7880~9920 | 10 | 平均 28360 | 5 | 142 | 8 | 188 | 74 | 27.5 |
| | ③ | 450 550 180 | 10 | 1180 | 163 | 192 | 10 | 1660 | 1024 | |
| | ④ | D=9420 | 10 | 29990 | 23 | 690 | 12 | 1979 | 1757 | |
| | ⑤ | D=9080 | 10 | 28930 | 22 | 636 | 14 | 178 | 215 | |
| | ⑥ | 1370 3930 1370 | 12 | 6670 | 165 | 1101 | 共计HPB235级钢筋（≤ф8） 74(kg) 共计HRB335级钢筋（≥Φ10） 2996(kg) | | | |
| | ⑦ | 190 3930 640 380 190 230 | 12 | 5560 | 158 | 878 | | | | |
| | ⑧ | 200 600 200 | 8 | 1140 | 165 | 188 | | | | |
| 支柱（计1根） | ① | 240 1740 240 | 8 | 2360 | 13 | 31 | 8 | 196 | 77 | 1.6 |
| | ② | 230 1740 230 | 8 | 2340 | 13 | 30 | 14 | 20 | 24 | |
| | ③ | 1050 | 8 | 1190 | 4 | 5 | 共计HPB235级钢筋（≤ф8） 77(kg) 共计HRB335级钢筋（≥Φ10） 24(kg) | | | |
| | ④ | 850 750 850 750 | 8 | 3200 | 1 | 3 | | | | |
| | ⑤ | 1480 | 8 | 1620 | 4 | 6 | | | | |
| | ⑥ | 340 240 240 340 | 8 | 1160 | 26 | 30 | | | | |
| | ⑦ | 3200 | 14 | 3200 | 4 | 13 | | | | |
| | ⑧ | 380 1840 380 | 8 | 2740 | 14 | 38 | | | | |
| | ⑨ | 370 1840 370 | 8 | 2720 | 14 | 38 | | | | |
| | ⑩ | 1170 | 8 | 1310 | 4 | 5 | | | | |
| | ⑪ | 900 800 800 900 | 8 | 3400 | 1 | 3 | | | | |
| | ⑫ | 1660 100 | 14 | 1760 | 4 | 7 | | | | |
| | ⑬ | 1650 | 8 | 1790 | 4 | 7 | | | | |

说明：
1. 图中尺寸单位均以mm计。
2. 材料：混凝土C25；钢筋保护层厚度：池壁及底板上侧为30mm，底板下侧为40mm；钢筋搭接长度40d。
3. 钢筋在板内均匀分布。

| 第五部分 蓄水池 | | | |
|---|---|---|---|
| 图名 | 200m³圆形封闭蓄水池池壁及支柱配筋图 | 图号 | 5-7 |

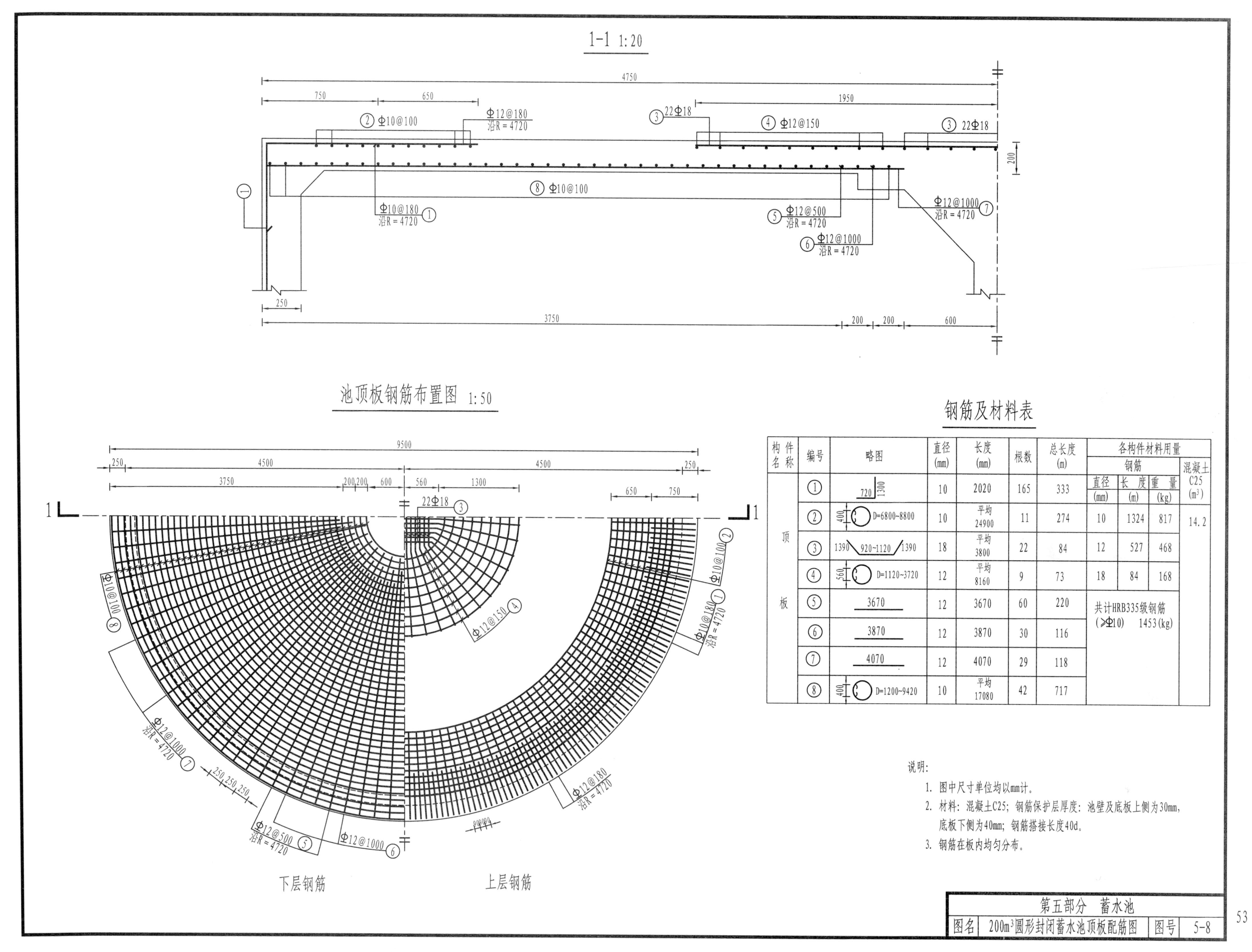


## 钢筋及材料表

| 构件名称 | 编号 | 略图 | 直径 (mm) | 长度 (mm) | 根数 | 总长度 (m) | 各构件材料用量 钢筋 直径 (mm) | 长度 (m) | 重量 (kg) | 混凝土 C25 ($m^3$) |
|---|---|---|---|---|---|---|---|---|---|---|
| 顶板 | ① | 720 1300 | 10 | 2020 | 165 | 333 | | | | |
| | ② | 400 D=6800~8800 | 10 | 平均 24900 | 11 | 274 | 10 | 1324 | 817 | 14.2 |
| | ③ | 1390 920~1120 1390 | 18 | 平均 3800 | 22 | 84 | 12 | 527 | 468 | |
| | ④ | 560 D=1120~3720 | 12 | 平均 8160 | 9 | 73 | 18 | 84 | 168 | |
| | ⑤ | 3670 | 12 | 3670 | 60 | 220 | 共计HRB335级钢筋 (≯Φ10) 1453(kg) | | | |
| | ⑥ | 3870 | 12 | 3870 | 30 | 116 | | | | |
| | ⑦ | 4070 | 12 | 4070 | 29 | 118 | | | | |
| | ⑧ | 400 D=1200~9420 | 10 | 平均 17080 | 42 | 717 | | | | |

说明:

1. 图中尺寸单位均以mm计。
2. 材料: 混凝土C25; 钢筋保护层厚度: 池壁及底板上侧为30mm, 底板下侧为40mm; 钢筋搭接长度40d。
3. 钢筋在板内均匀分布。

| 第五部分 蓄水池 | | | |
|---|---|---|---|
| 图名 | 200m³圆形封闭蓄水池顶板配筋图 | 图号 | 5-8 |

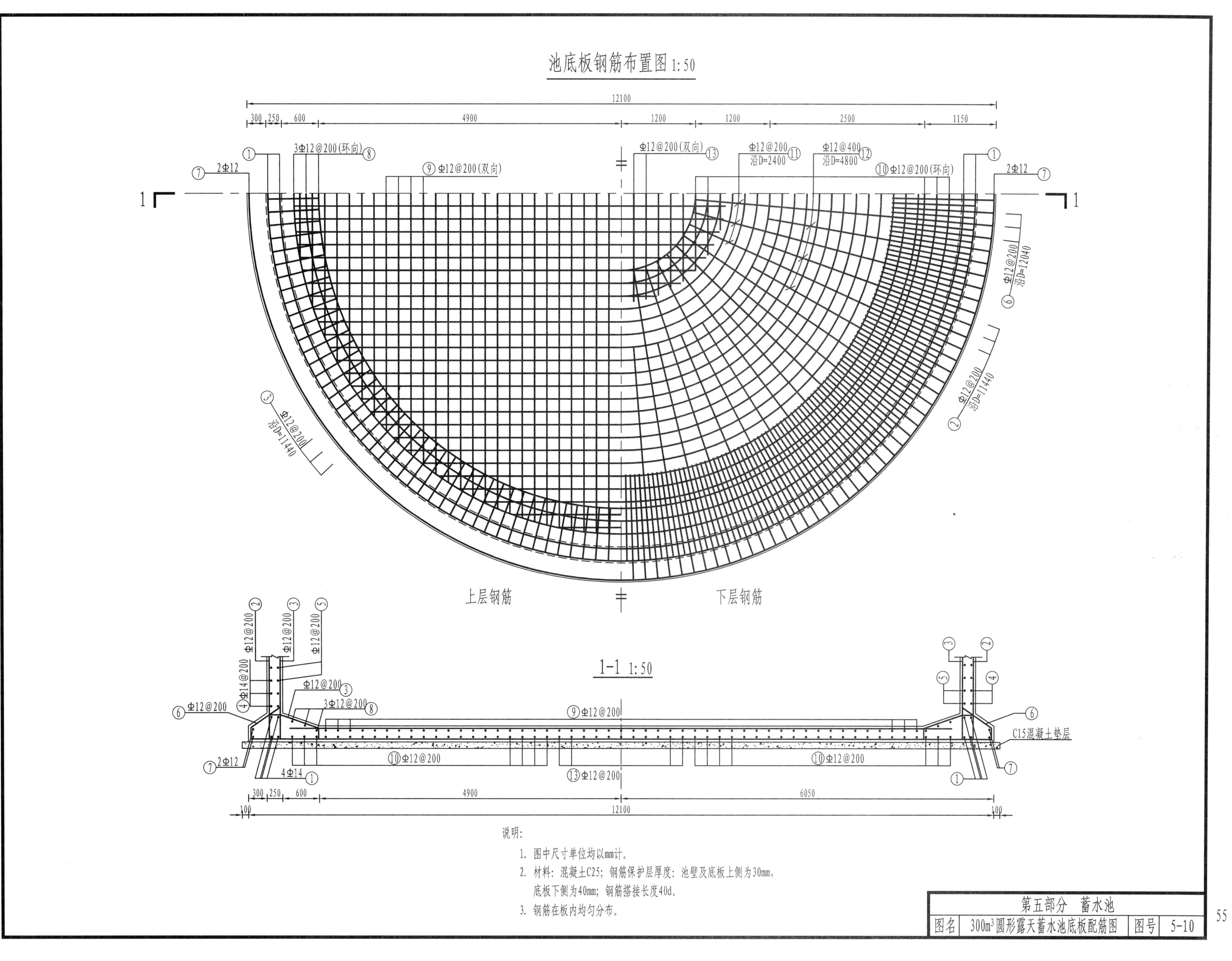


说明:

1. 图中尺寸单位均以mm计。
2. 材料：混凝土C25；钢筋保护层厚度：池壁及底板上侧为30mm，底板下侧为40mm；钢筋搭接长度40d。
3. 钢筋在板内均匀分布。

| 第五部分　蓄水池 | | | |
|---|---|---|---|
| 图名 | 300m³圆形露天蓄水池底板配筋图 | 图号 | 5-10 |

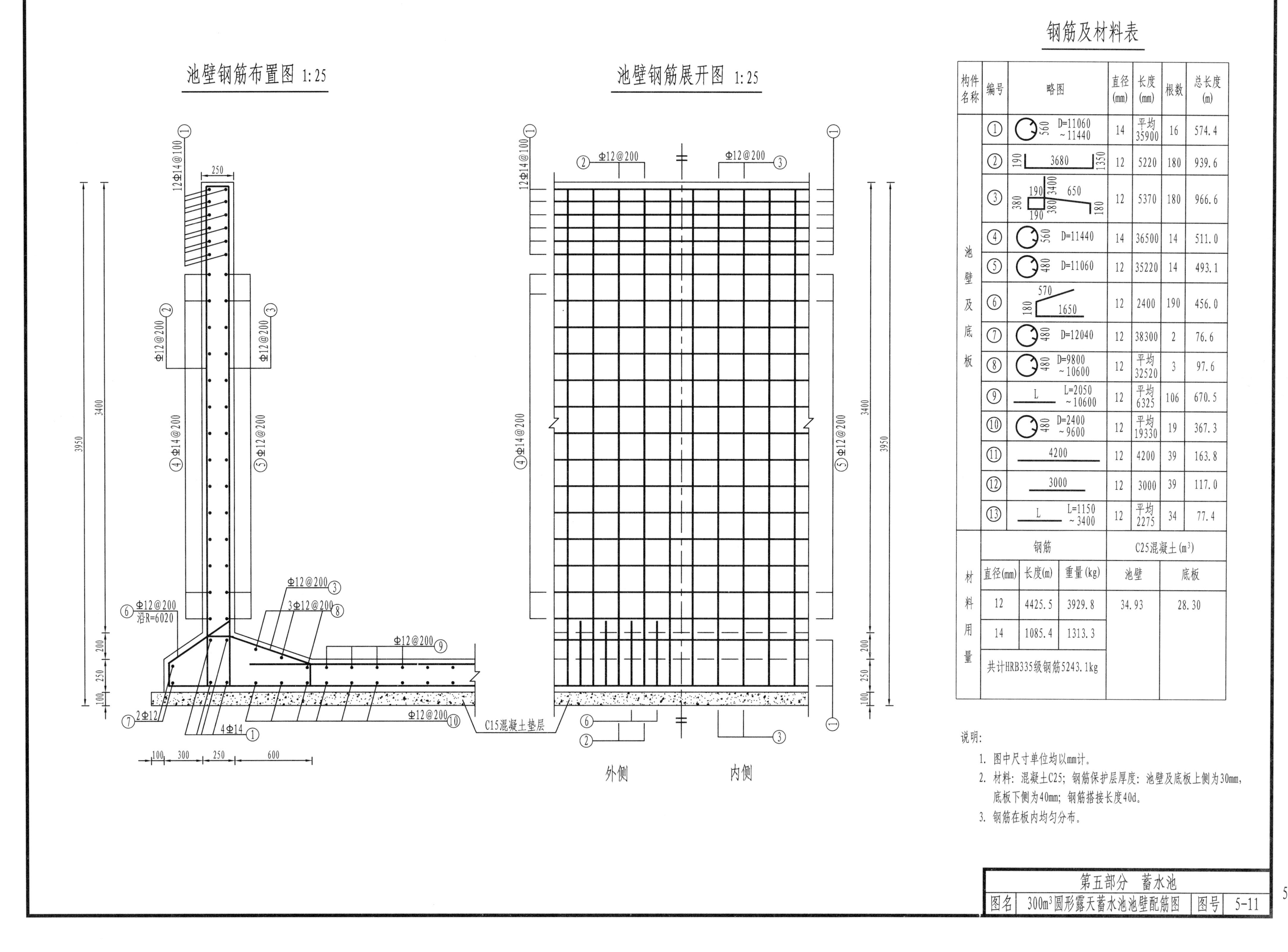


## 钢筋及材料表

| 构件名称 | 编号 | 略图 | 直径(mm) | 长度(mm) | 根数 | 总长度(m) |
|---|---|---|---|---|---|---|
| 池壁及底板 | ① | 560 D=11060 ~11440 | 14 | 平均 35900 | 16 | 574.4 |
| | ② | 190 3680 1350 | 12 | 5220 | 180 | 939.6 |
| | ③ | 380 190 3400 650 380 190 180 | 12 | 5370 | 180 | 966.6 |
| | ④ | 560 D=11440 | 14 | 36500 | 14 | 511.0 |
| | ⑤ | 480 D=11060 | 12 | 35220 | 14 | 493.1 |
| | ⑥ | 570 180 1650 | 12 | 2400 | 190 | 456.0 |
| | ⑦ | 480 D=12040 | 12 | 38300 | 2 | 76.6 |
| | ⑧ | 480 D=9800 ~10600 | 12 | 平均 32520 | 3 | 97.6 |
| | ⑨ | L L=2050 ~10600 | 12 | 平均 6325 | 106 | 670.5 |
| | ⑩ | 480 D=2400 ~9600 | 12 | 平均 19330 | 19 | 367.3 |
| | ⑪ | 4200 | 12 | 4200 | 39 | 163.8 |
| | ⑫ | 3000 | 12 | 3000 | 39 | 117.0 |
| | ⑬ | L L=1150 ~3400 | 12 | 平均 2275 | 34 | 77.4 |

| 材料用量 | 钢筋 | | | C25混凝土($m^3$) | |
|---|---|---|---|---|---|
| | 直径(mm) | 长度(m) | 重量(kg) | 池壁 | 底板 |
| | 12 | 4425.5 | 3929.8 | 34.93 | 28.30 |
| | 14 | 1085.4 | 1313.3 | | |
| | 共计HRB335级钢筋5243.1kg | | | | |

说明：

1. 图中尺寸单位均以mm计。
2. 材料：混凝土C25；钢筋保护层厚度：池壁及底板上侧为30mm，底板下侧为40mm；钢筋搭接长度40d。
3. 钢筋在板内均匀分布。

| 第五部分　蓄水池 | | | |
|---|---|---|---|
| 图名 | 300$m^3$圆形露天蓄水池池壁配筋图 | 图号 | 5-11 |

## A-A 1:100

## 500m³圆形露天蓄水池平面图 1:100

## 工程量表

| 编号 | 名称 | 规格 | 材料 | 单位 | 数量 | 备注 |
|---|---|---|---|---|---|---|
| ① | 吸水坑 | B1型 |  | 座 | 1 |  |
| ② | 钢爬梯 |  |  | 座 | 1 |  |
| ③ | 溢水管支架 |  | 钢 | 副 | 1 |  |
| ④ | 喇叭口支架 |  | 钢 | 只 | 1 |  |
| ⑤ | 喇叭口 | DN300×450 | 钢 | 只 | 2 |  |
| ⑥ | 刚性防水套管 | DN300 | 钢 | 只 | 2 |  |
| ⑦ | 刚性防水套管 | DN250 | 钢 | 只 | 1 |  |
| ⑧ | 刚性防水套管 | DN150 | 钢 | 只 | 1 |  |
| ⑨ | 钢制弯头 | DN300×90° | 钢 | 只 | 2 |  |
| ⑩ | 钢管 | DN150 | 钢 | m | 3 |  |
| ⑪ | 钢管 | DN250 | 钢 | m | 2 |  |
| ⑫ | 钢管 | DN300 | 钢 | m | 7 |  |
| ⑬ | 防护栏杆 |  | 钢 | m | 44.8 |  |
| ⑭ | C25钢筋混凝土 |  |  | $m^3$ | 95.5 |  |
| ⑮ | 钢筋 |  |  | t | 7.712 |  |
| ⑯ | C15混凝土垫层 |  |  | $m^3$ | 26.72 |  |

## 混凝土配合比参照表

| 项目 | 配合比（1m³混凝土材料用量） | | | |
|---|---|---|---|---|
| | 水泥（kg）/强度等级 | 粗砂（m³） | 碎石（m³） | 水（m³） |
| C25混凝土 | 317.90/42.5 | 0.539 | 0.859 | 0.165 |
| C15混凝土 | 266.20/32.5 | 0.572 | 0.859 | 0.165 |

## 水泥砂浆配合比参照表

| 项目 | 配合比（1m³混凝土材料用量） | | |
|---|---|---|---|
| | 水泥（kg）/强度等级 | 粗砂（m³） | 水（m³） |
| 1:2水泥砂浆 | 539.0/32.5 | 1.05 | 0.30 |

说明：

1. 图中尺寸单位均以mm计。
2. 允许池外地面最高设计标高距池顶1000mm，允许最高地下水位在水池底板底面以上1500mm。
3. 池底排水坡i=0.005，排向吸水坑。
4. 各种水管管径、根数、平面位置、高程以及吸水坑位置可按具体工程情况布置。
5. 池底基础处理方式根据具体工程情况另行确定。
6. 土方开挖、土方回填以及池底基础处理工程量根据具体工程情况另行计算。
7. 混凝土抗渗等级W6，抗冻等级：温和地区F50，寒冷地区F150，严寒地区F200。
8. 冬季运行时要求池内最高水位低于池外设计地面0.5m。

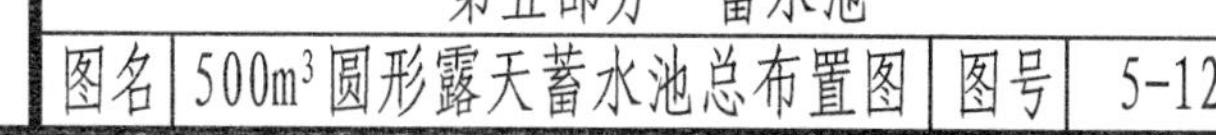

## 池底板钢筋布置图 1:50

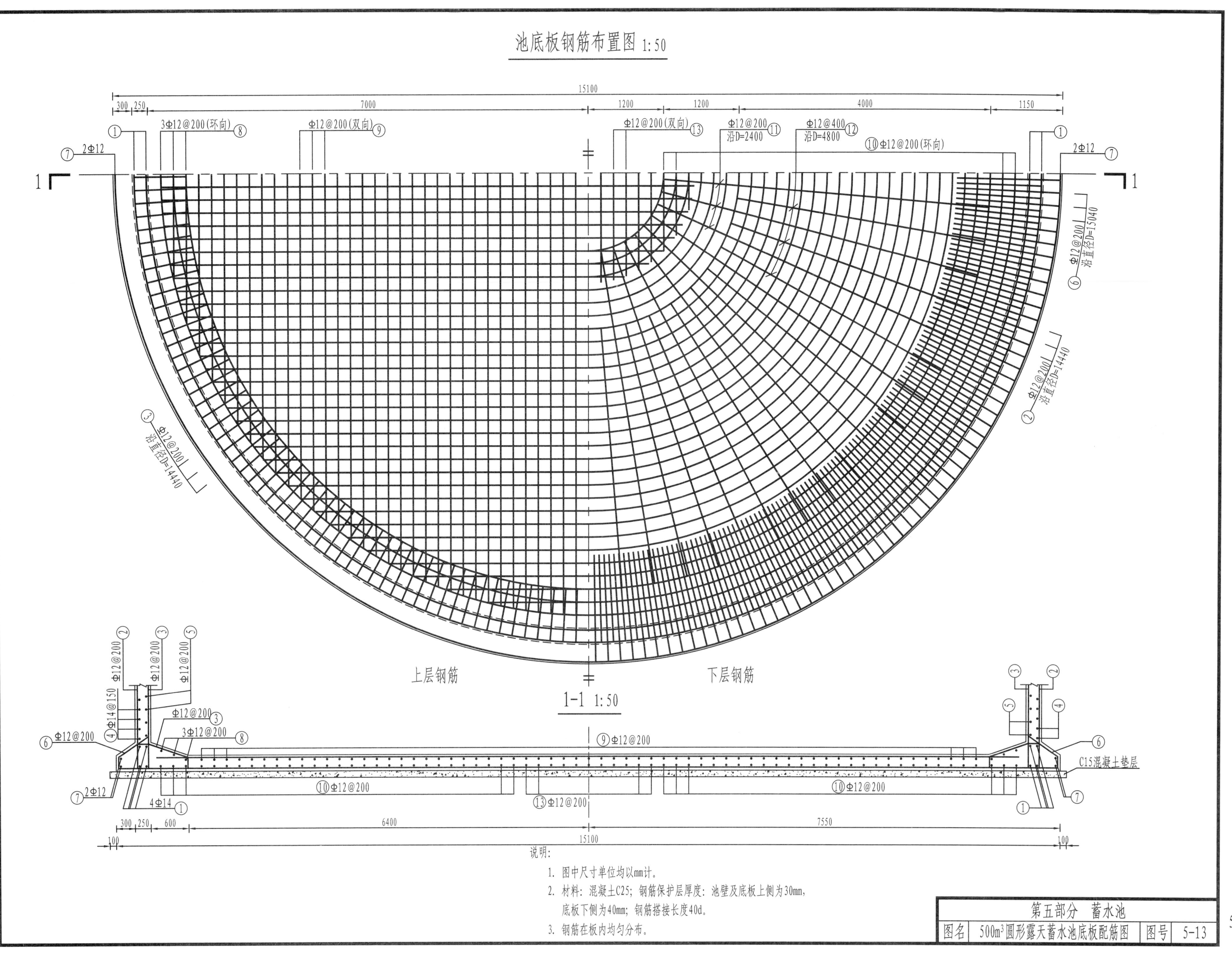


说明:

1. 图中尺寸单位均以mm计。
2. 材料：混凝土C25；钢筋保护层厚度：池壁及底板上侧为30mm，底板下侧为40mm；钢筋搭接长度40d。
3. 钢筋在板内均匀分布。

| 第五部分　蓄水池 | | | |
|---|---|---|---|
| 图名 | 500m³圆形露天蓄水池底板配筋图 | 图号 | 5-13 |

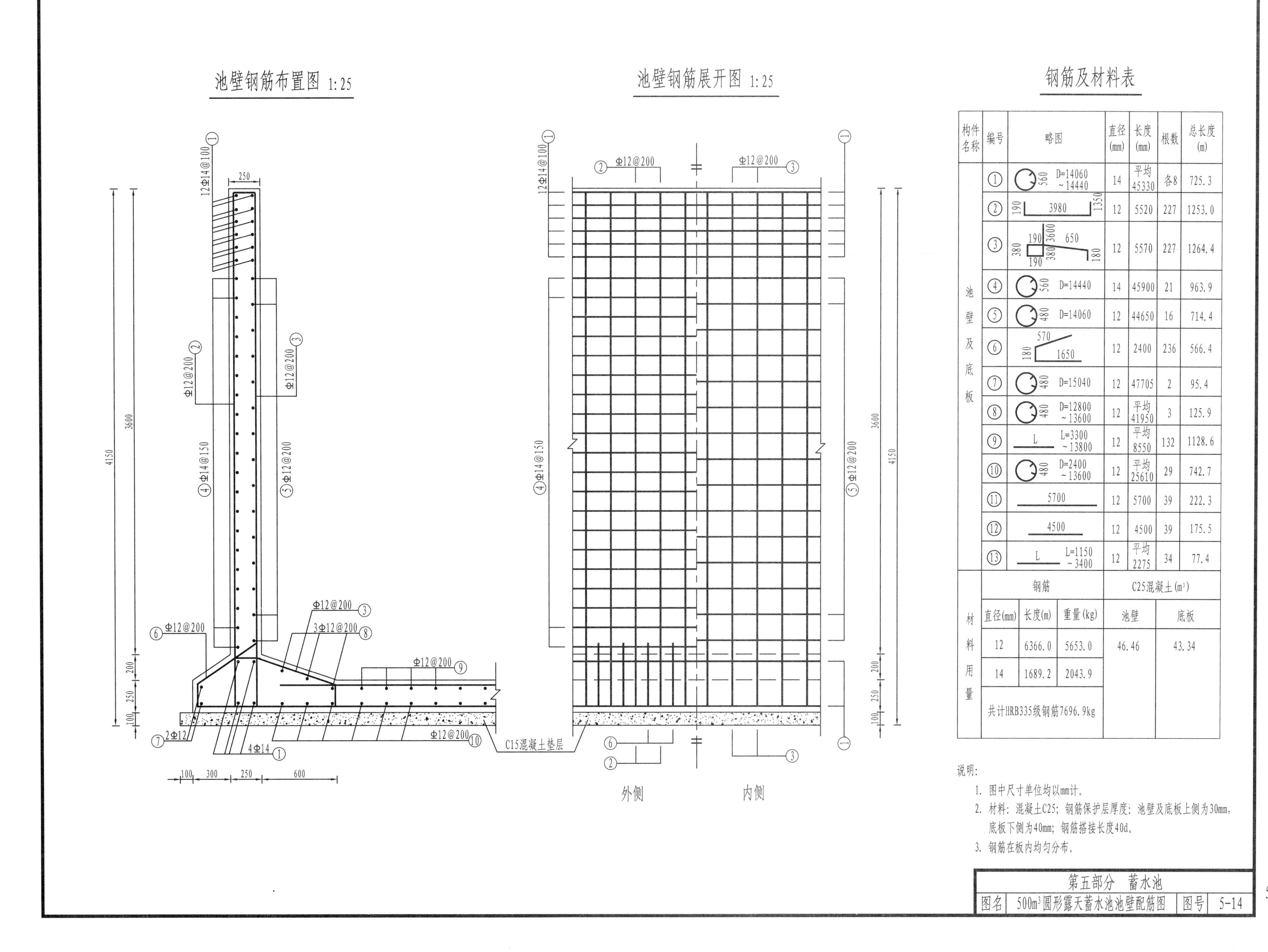


## 钢筋及材料表

| 构件名称 | 编号 | 略图 | 直径(mm) | 长度(mm) | 根数 | 总长度(m) |
|---|---|---|---|---|---|---|
| 池壁及底板 | ① | 560 D=14060~14440 | 14 | 平均45330 | 各8 | 725.3 |
| | ② | 190 3980 1350 | 12 | 5520 | 227 | 1253.0 |
| | ③ | 380 190 3600 380 190 650 180 | 12 | 5570 | 227 | 1264.4 |
| | ④ | 560 D=14440 | 14 | 45900 | 21 | 963.9 |
| | ⑤ | 480 D=14060 | 12 | 44650 | 16 | 714.4 |
| | ⑥ | 570 180 1650 | 12 | 2400 | 236 | 566.4 |
| | ⑦ | 480 D=15040 | 12 | 47705 | 2 | 95.4 |
| | ⑧ | 480 D=12800~13600 | 12 | 平均41950 | 3 | 125.9 |
| | ⑨ | L L=3300~13800 | 12 | 平均8550 | 132 | 1128.6 |
| | ⑩ | 480 D=2400~13600 | 12 | 平均25610 | 29 | 742.7 |
| | ⑪ | 5700 | 12 | 5700 | 39 | 222.3 |
| | ⑫ | 4500 | 12 | 4500 | 39 | 175.5 |
| | ⑬ | L L=1150~3400 | 12 | 平均2275 | 34 | 77.4 |

| 材料用量 | 钢筋 | | | C25混凝土(m³) | |
|---|---|---|---|---|---|
| | 直径(mm) | 长度(m) | 重量(kg) | 池壁 | 底板 |
| | 12 | 6366.0 | 5653.0 | 46.46 | 43.34 |
| | 14 | 1689.2 | 2043.9 | | |
| | 共计HRB335级钢筋7696.9kg | | | | |

说明：

1. 图中尺寸单位均以mm计。
2. 材料：混凝土C25；钢筋保护层厚度：池壁及底板上侧为30mm，底板下侧为40mm；钢筋搭接长度40d。
3. 钢筋在板内均匀分布。

| 第五部分 蓄水池 | | | |
|---|---|---|---|
| 图名 | 500m³圆形露天蓄水池池壁配筋图 | 图号 | 5-14 |

A-A 1:100

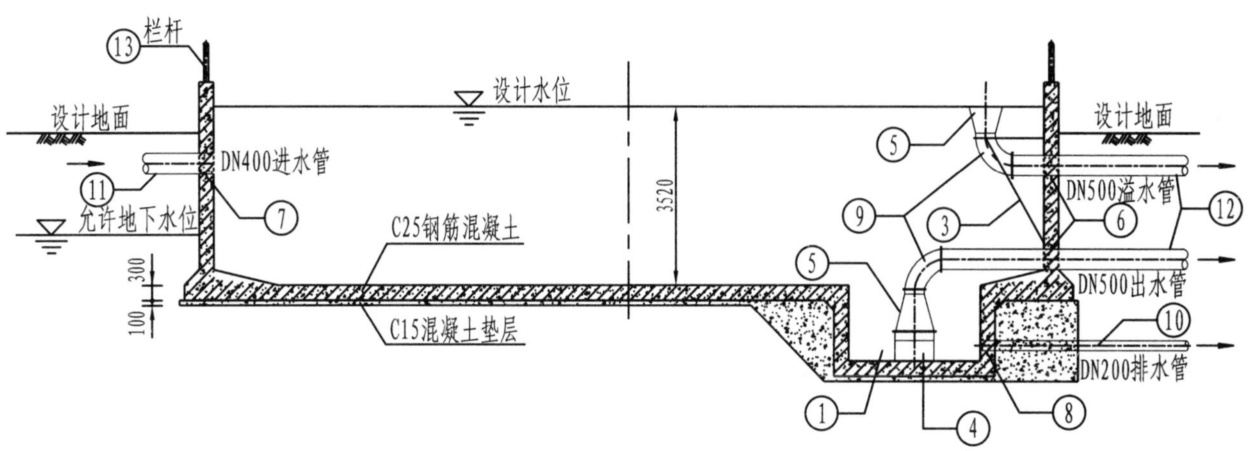

800m³圆形露天蓄水池平面图 1:100

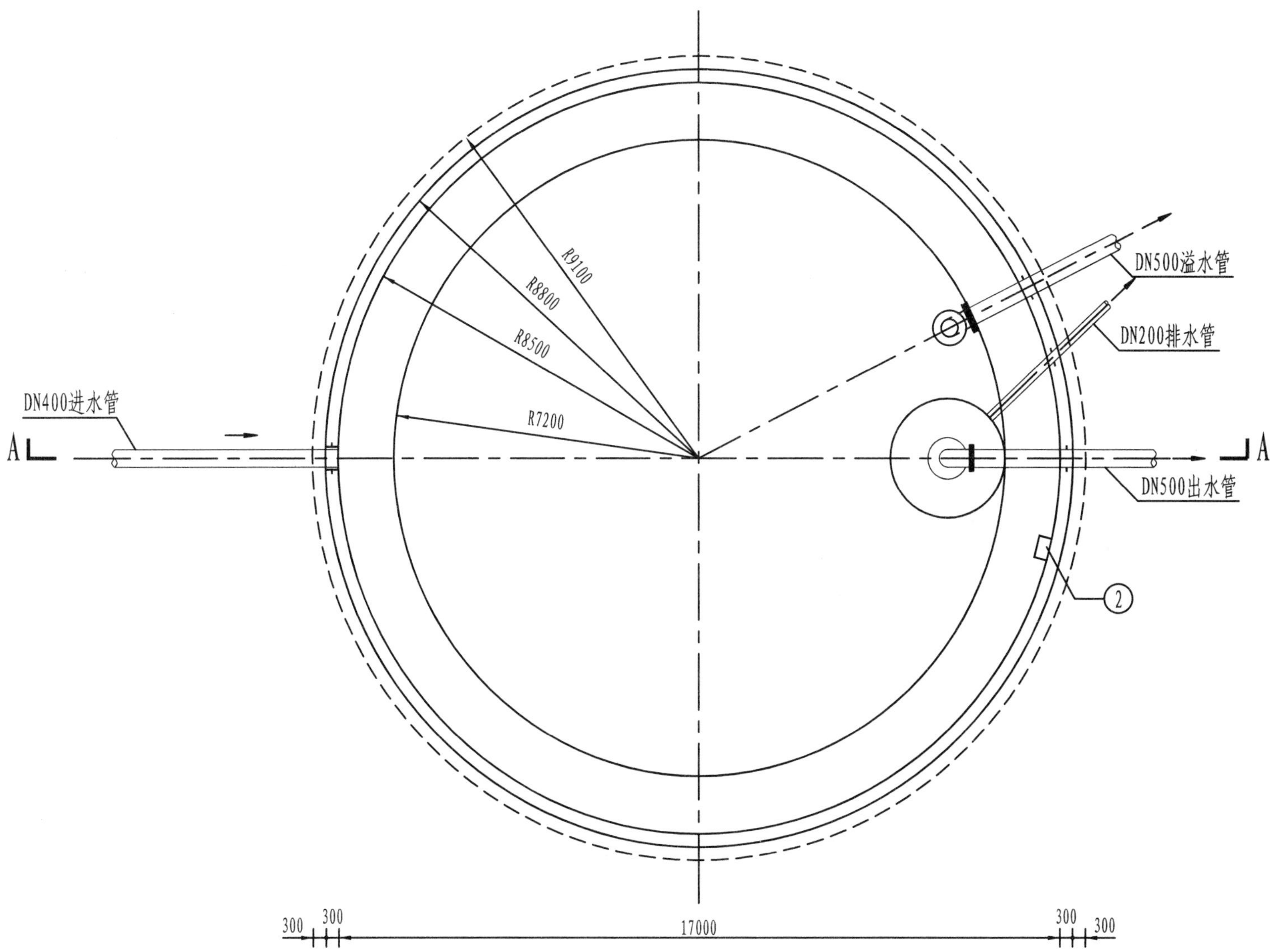

## 工程数量表

| 编号 | 名称 | 规格 | 材料 | 单位 | 数量 | 备注 |
|---|---|---|---|---|---|---|
| ① | 吸水坑 | B2型 | | 只 | 1 | |
| ② | 钢爬梯 | | | 座 | 1 | |
| ③ | 溢水管支架 | | 钢 | 副 | 1 | |
| ④ | 喇叭口支架 | | 钢 | 只 | 1 | |
| ⑤ | 喇叭口 | DN500×750 | 钢 | 只 | 2 | |
| ⑥ | 刚性防水套管 | DN500 | 钢 | 只 | 2 | |
| ⑦ | 刚性防水套管 | DN400 | 钢 | 只 | 1 | |
| ⑧ | 刚性防水套管 | DN200 | 钢 | 只 | 1 | |
| ⑨ | 钢制弯头 | DN500×90° | 钢 | 只 | 2 | |
| ⑩ | 钢管 | DN200 | 钢 | m | 3 | |
| ⑪ | 钢管 | DN400 | 钢 | m | 2 | |
| ⑫ | 钢管 | DN500 | 钢 | m | 7 | |
| ⑬ | 防护栏杆 | | 钢 | m | 54.3 | |
| ⑭ | C25钢筋混凝土 | | | m³ | 161.44 | |
| ⑮ | 钢筋 | | | t | 12.87 | |
| ⑯ | C15混凝土垫层 | | | m³ | 48.31 | |

## 混凝土配合比参照表

| 项目 | 配合比（1m³混凝土材料用量） | | | |
|---|---|---|---|---|
| | 水泥（kg）/强度等级 | 粗砂（m³） | 碎石（m³） | 水（m³） |
| C25混凝土 | 317.90/42.5 | 0.539 | 0.859 | 0.165 |
| C15混凝土 | 266.20/32.5 | 0.572 | 0.859 | 0.165 |

## 水泥砂浆配合比参照表

| 项目 | 配合比（1m³混凝土材料用量） | | |
|---|---|---|---|
| | 水泥（kg）/强度等级 | 粗砂（m³） | 水（m³） |
| 1:2水泥砂浆 | 539.0/32.5 | 1.05 | 0.30 |

说明：

1. 图中尺寸、单位均以mm计。
2. 允许池外地面最高设计标高距池顶1000mm，允许最高地下水位在水池底板底面以上1500mm。
3. 池底排水坡i=0.005，排向吸水坑。
4. 各种水管管径、根数、平面位置、高程以及吸水坑位置可按具体工程情况布置。
5. 池底基础处理方式根据具体工程情况另行确定。
6. 土方开挖、土方回填以及池底基础处理工程量根据具体工程情况另行计算。
7. 混凝土抗渗等级W6，抗冻等级：温和地区F50，寒冷地区F150，严寒地区F200。
8. 冬季运行时要求池内最高水位低于池外设计地面0.5m。

| 第五部分　蓄水池 | | | |
|---|---|---|---|
| 图名 | 800m³圆形露天蓄水池总体布置图 | 图号 | 5-15 |

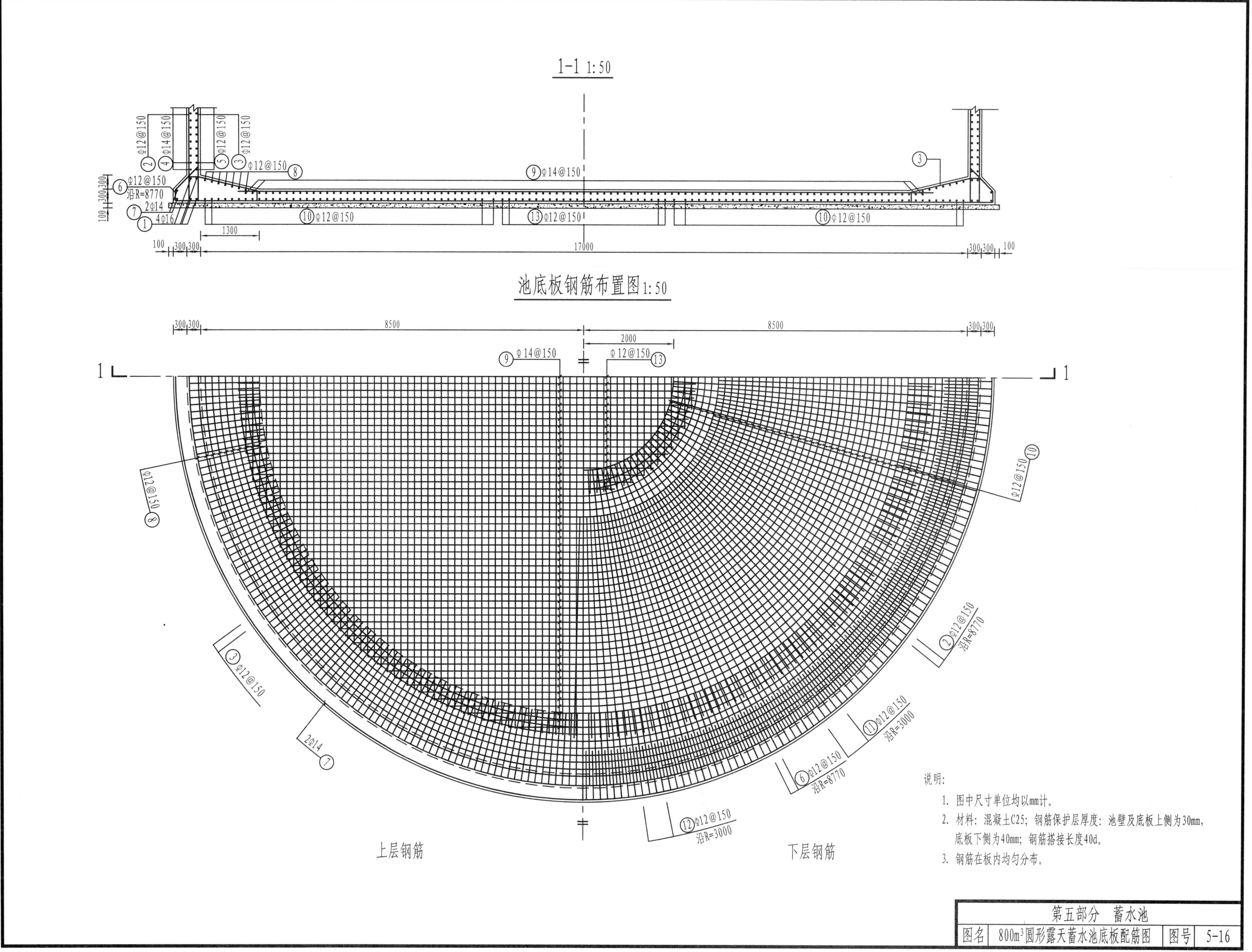


说明：

1. 图中尺寸单位均以mm计。
2. 材料：混凝土C25；钢筋保护层厚度：池壁及底板上侧为30mm，底板下侧为40mm；钢筋搭接长度40d。
3. 钢筋在板内均匀分布。

| 第五部分　蓄水池 | | | |
|---|---|---|---|
| 图名 | 800m³圆形露天蓄水池底板配筋图 | 图号 | 5-16 |

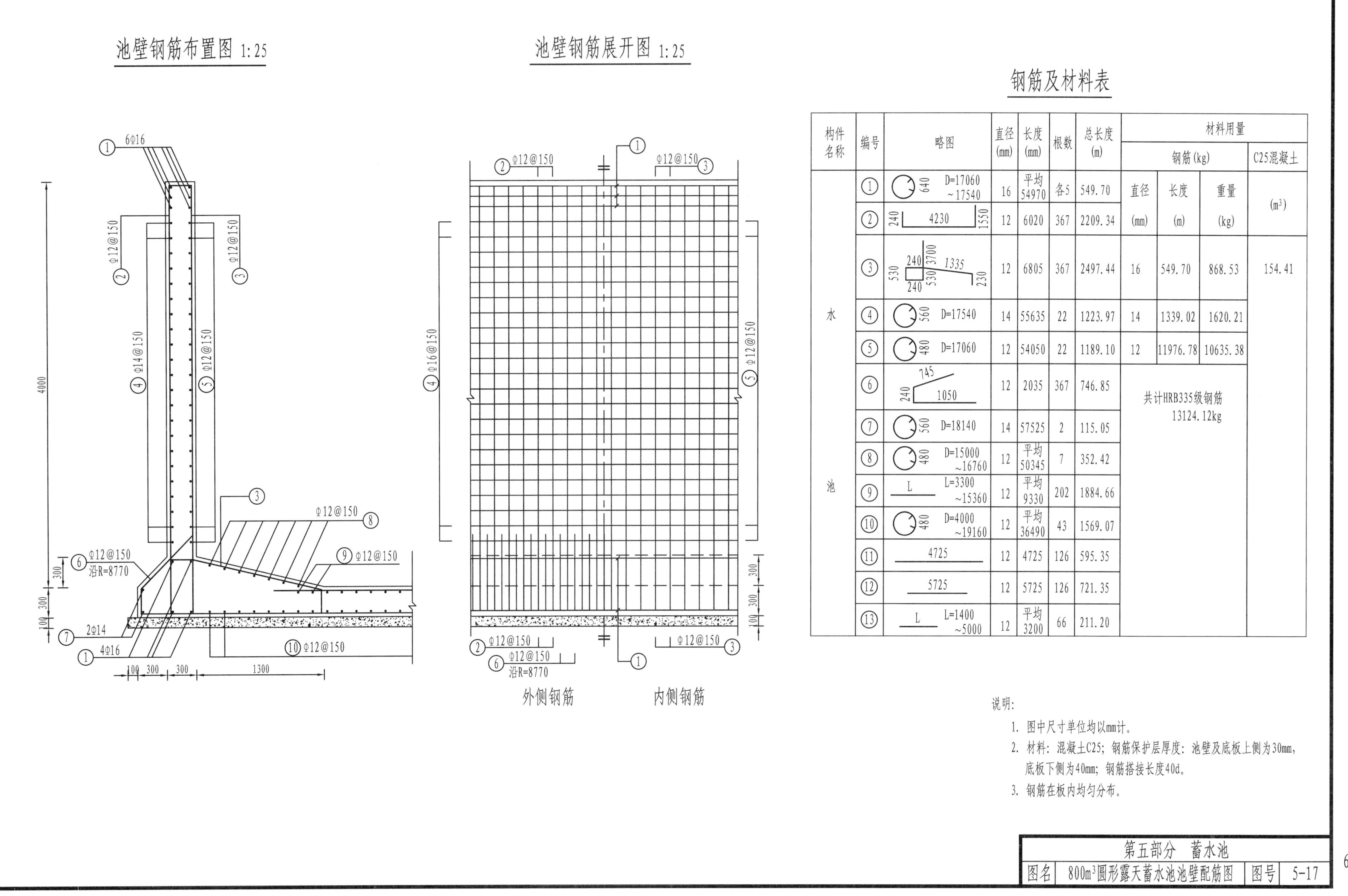


## 钢筋及材料表

| 构件名称 | 编号 | 略图 | 直径(mm) | 长度(mm) | 根数 | 总长度(m) | 材料用量：钢筋(kg) 直径(mm) | 长度(m) | 重量(kg) | C25混凝土(m³) |
|---|---|---|---|---|---|---|---|---|---|---|
| 水池 | ① | 640 D=17060~17540 | 16 | 平均54970 | 各5 | 549.70 | 16 | 549.70 | 868.53 | 154.41 |
| | ② | 240 4230 1550 | 12 | 6020 | 367 | 2209.34 | | | | |
| | ③ | 530 240 3700 530 240 1335 230 | 12 | 6805 | 367 | 2497.44 | | | | |
| | ④ | 560 D=17540 | 14 | 55635 | 22 | 1223.97 | 14 | 1339.02 | 1620.21 | |
| | ⑤ | 480 D=17060 | 12 | 54050 | 22 | 1189.10 | 12 | 11976.78 | 10635.38 | |
| | ⑥ | 745 240 1050 | 12 | 2035 | 367 | 746.85 | 共计HRB335级钢筋 13124.12kg | | | |
| | ⑦ | 560 D=18140 | 14 | 57525 | 2 | 115.05 | | | | |
| | ⑧ | 480 D=15000~16760 | 12 | 平均50345 | 7 | 352.42 | | | | |
| | ⑨ | L L=3300~15360 | 12 | 平均9330 | 202 | 1884.66 | | | | |
| | ⑩ | 480 D=4000~19160 | 12 | 平均36490 | 43 | 1569.07 | | | | |
| | ⑪ | 4725 | 12 | 4725 | 126 | 595.35 | | | | |
| | ⑫ | 5725 | 12 | 5725 | 126 | 721.35 | | | | |
| | ⑬ | L L=1400~5000 | 12 | 平均3200 | 66 | 211.20 | | | | |

说明：

1. 图中尺寸单位均以mm计。
2. 材料：混凝土C25；钢筋保护层厚度：池壁及底板上侧为30mm，底板下侧为40mm；钢筋搭接长度40d。
3. 钢筋在板内均匀分布。

| 第五部分 蓄水池 | | | |
|---|---|---|---|
| 图名 | 800m³圆形露天蓄水池池壁配筋图 | 图号 | 5-17 |

A-A 1:100

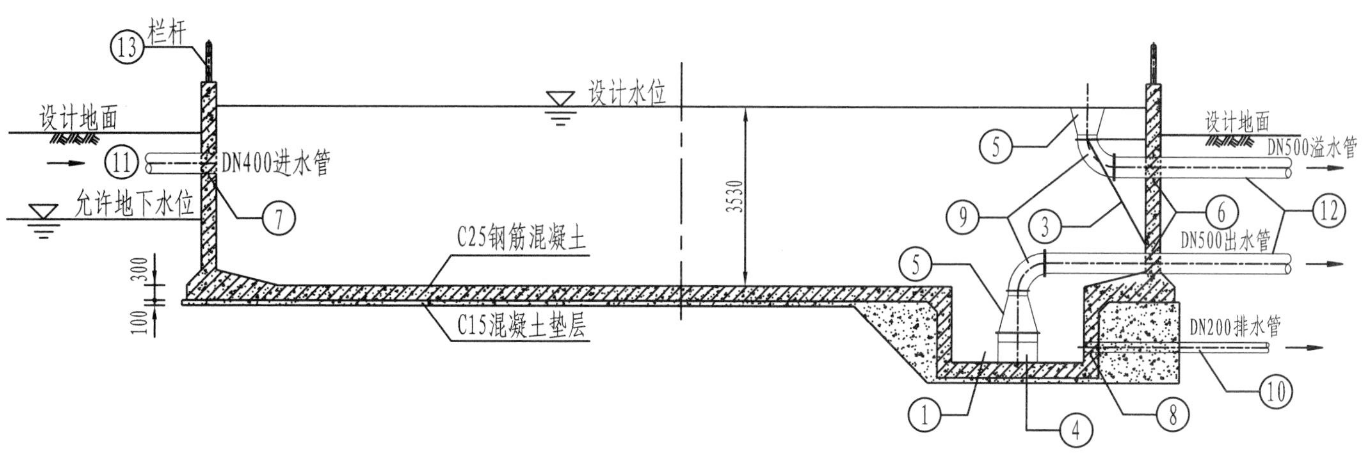

1000m³圆形露天蓄水池平面图1:100

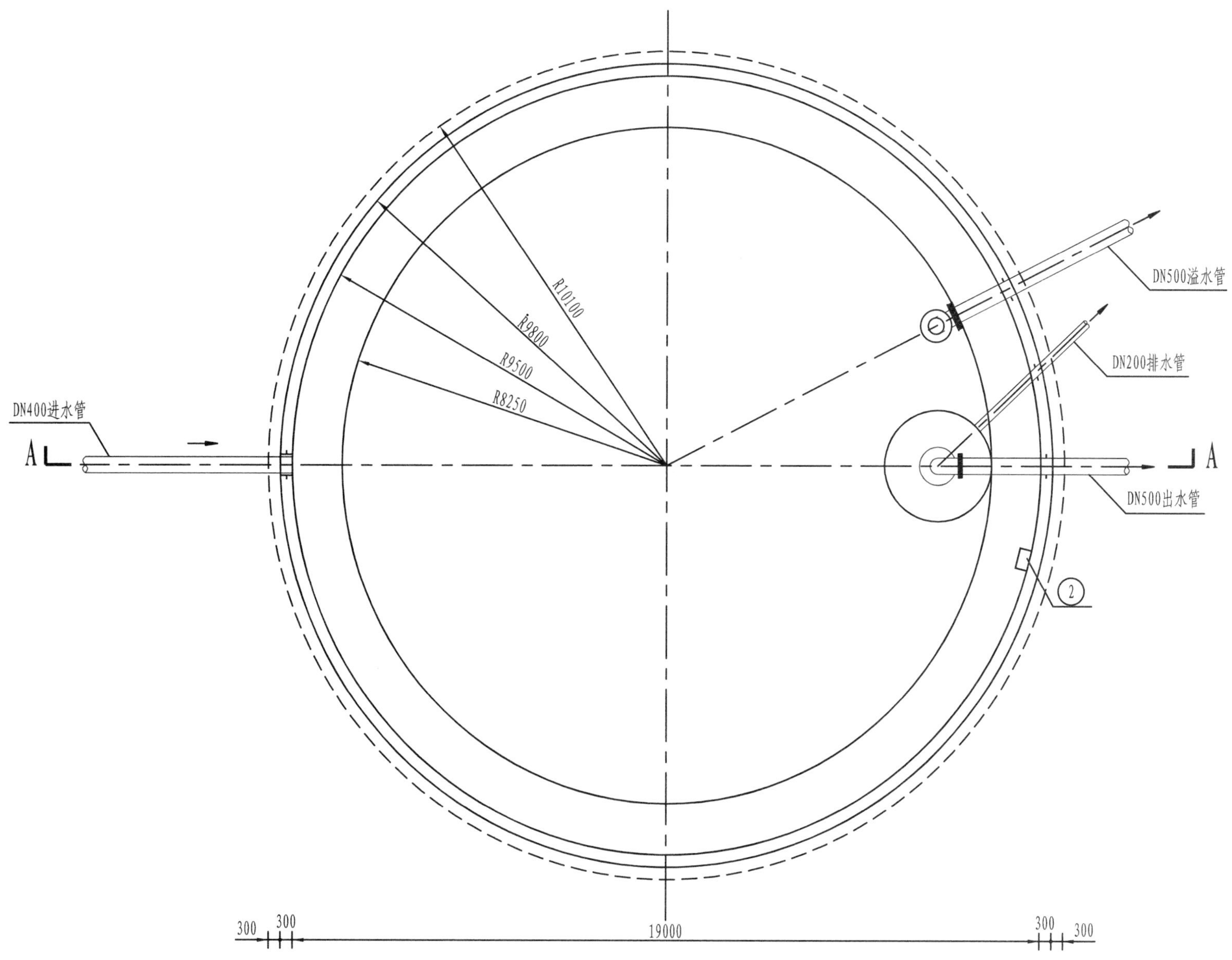

## 工程量表

| 编号 | 名称 | 规格 | 材料 | 单位 | 数量 | 备注 |
|---|---|---|---|---|---|---|
| ① | 吸水坑 | B2型 | | 只 | 1 | |
| ② | 钢爬梯 | | | 座 | 1 | |
| ③ | 溢水管支架 | | 钢 | 副 | 1 | |
| ④ | 喇叭口支架 | | 钢 | 只 | 1 | |
| ⑤ | 喇叭口 | DN500×750 | 钢 | 只 | 2 | |
| ⑥ | 刚性防水套管 | DN500 | 钢 | 只 | 2 | |
| ⑦ | 刚性防水套管 | DN400 | 钢 | 只 | 1 | |
| ⑧ | 刚性防水套管 | DN200 | 钢 | 只 | 1 | |
| ⑨ | 钢制弯头 | DN500×90° | 钢 | 只 | 2 | |
| ⑩ | 钢管 | DN200 | 钢 | m | 3 | |
| ⑪ | 钢管 | DN400 | 钢 | m | 2 | |
| ⑫ | 钢管 | DN500 | 钢 | m | 7 | |
| ⑬ | 防护栏杆 | | 钢 | m | 60.6 | |
| ⑭ | C25钢筋混凝土 | | | m³ | 188.10 | |
| ⑮ | 钢筋 | | | t | 17.07 | |
| ⑯ | C15混凝土垫层 | | | m³ | 54.41 | |

## 混凝土配合比参照表

| 项目 | 配合比（1m³混凝土材料用量） | | | |
|---|---|---|---|---|
| | 水泥（kg）/强度等级 | 粗砂（m³） | 碎石（m³） | 水（m³） |
| C25混凝土 | 317.90/42.5 | 0.539 | 0.859 | 0.165 |
| C15混凝土 | 266.20/32.5 | 0.572 | 0.859 | 0.165 |

## 水泥砂浆配合比参照表

| 项目 | 配合比（1m³混凝土材料用量） | | |
|---|---|---|---|
| | 水泥（kg）/强度等级 | 粗砂（m³） | 水（m³） |
| 1:2水泥砂浆 | 539.0/32.5 | 1.05 | 0.30 |

说明：

1. 图中尺寸、单位均以mm计。
2. 允许池外地面最高设计标高距池顶1000mm，允许最高地下水位在水池底板底面以上1500mm。
3. 池底排水坡i=0.005，排向吸水坑。
4. 各种水管管径、根数、平面位置、高程以及吸水坑位置可按具体工程情况布置。
5. 池底基础处理方式根据具体工程情况另行确定。
6. 土方开挖、土方回填以及池底基础处理工程量根据具体工程情况另行计算。
7. 混凝土抗渗等级W6，抗冻等级：温和地区F50，寒冷地区F150，严寒地区F200。
8. 冬季运行时要求池内最高水位低于池外设计地面0.5m。

| 第五部分　蓄水池 | | | |
|---|---|---|---|
| 图名 | 1000m³圆形露天蓄水池总体布置图 | 图号 | 5-18 |

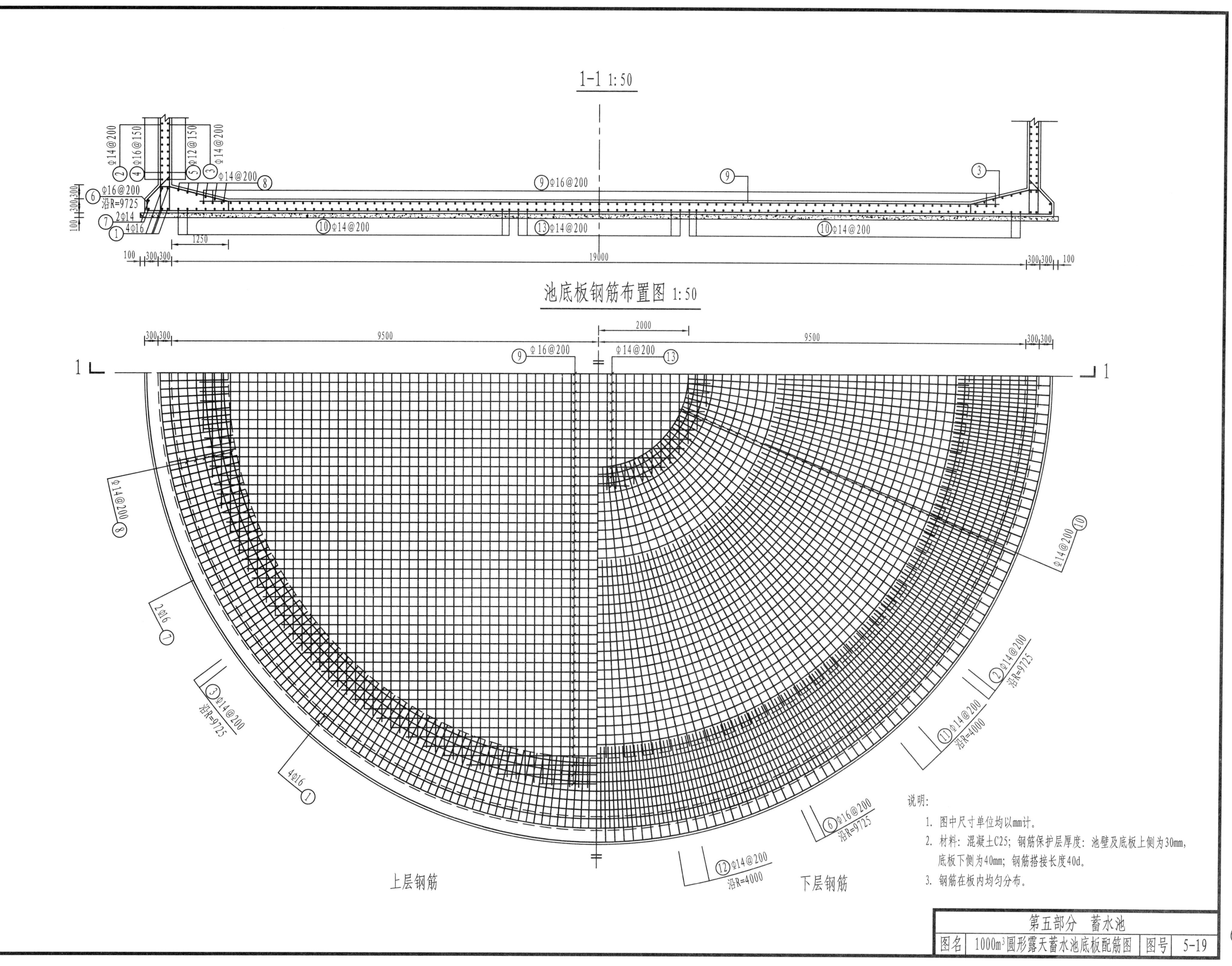


说明：

1. 图中尺寸单位均以mm计。
2. 材料：混凝土C25；钢筋保护层厚度：池壁及底板上侧为30mm，底板下侧为40mm；钢筋搭接长度40d。
3. 钢筋在板内均匀分布。

| 第五部分 蓄水池 | | | |
|---|---|---|---|
| 图名 | 1000m³圆形露天蓄水池底板配筋图 | 图号 | 5-19 |

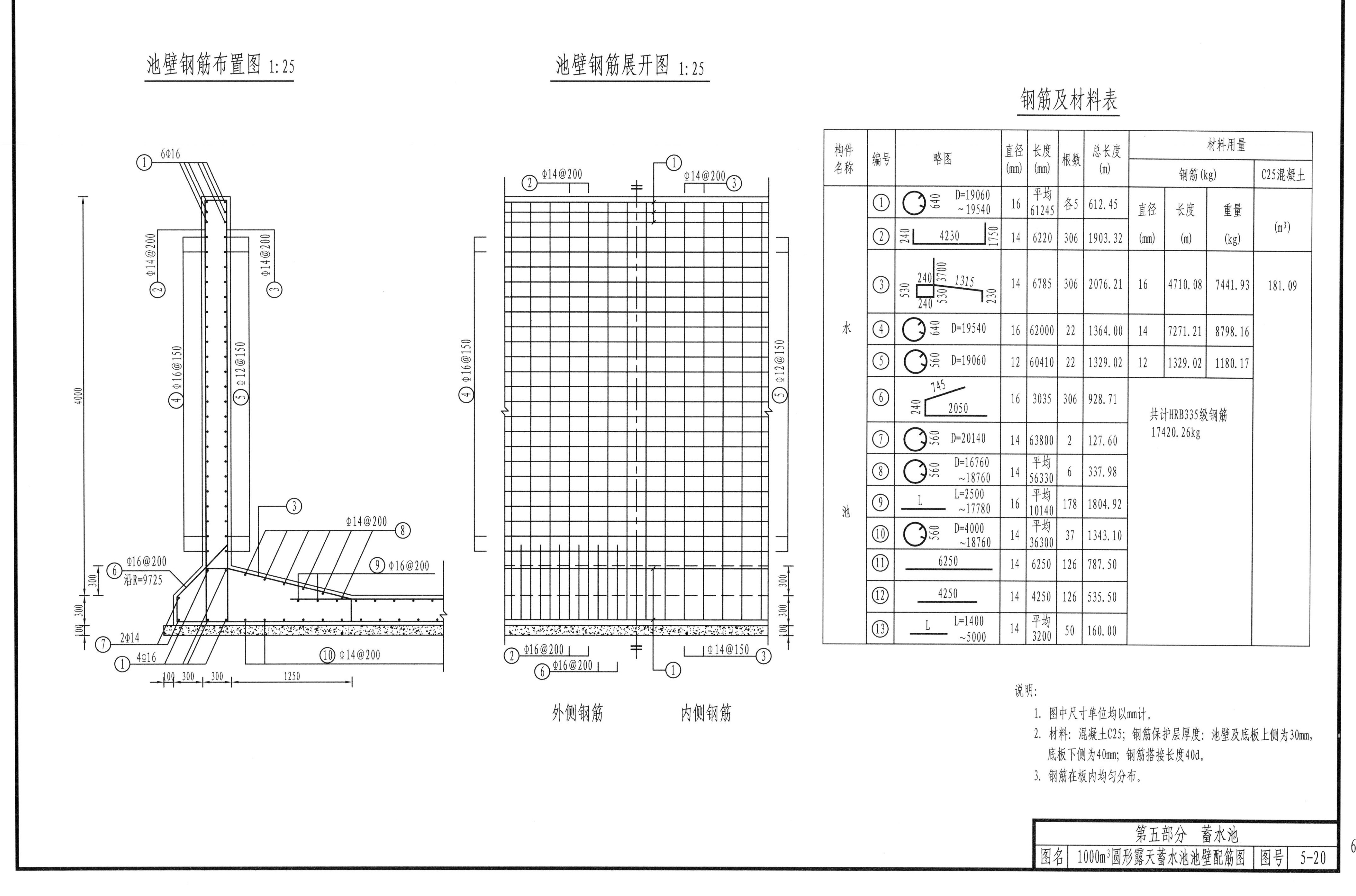


## 钢筋及材料表

| 构件名称 | 编号 | 略图 | 直径 (mm) | 长度 (mm) | 根数 | 总长度 (m) |
|---|---|---|---|---|---|---|
| 水池 | ① | 640 D=19060 ~19540 | 16 | 平均 61245 | 各5 | 612.45 |
| | ② | 240 4230 1750 | 14 | 6220 | 306 | 1903.32 |
| | ③ | 530 240 240 3700 530 1315 230 | 14 | 6785 | 306 | 2076.21 |
| | ④ | 640 D=19540 | 16 | 62000 | 22 | 1364.00 |
| | ⑤ | 560 D=19060 | 12 | 60410 | 22 | 1329.02 |
| | ⑥ | 240 745 2050 | 16 | 3035 | 306 | 928.71 |
| | ⑦ | 560 D=20140 | 14 | 63800 | 2 | 127.60 |
| | ⑧ | 560 D=16760 ~18760 | 14 | 平均 56330 | 6 | 337.98 |
| | ⑨ | L L=2500 ~17780 | 16 | 平均 10140 | 178 | 1804.92 |
| | ⑩ | 560 D=4000 ~18760 | 14 | 平均 36300 | 37 | 1343.10 |
| | ⑪ | 6250 | 14 | 6250 | 126 | 787.50 |
| | ⑫ | 4250 | 14 | 4250 | 126 | 535.50 |
| | ⑬ | L L=1400 ~5000 | 14 | 平均 3200 | 50 | 160.00 |

| 材料用量 | | | |
|---|---|---|---|
| 钢筋(kg) | | | C25混凝土 |
| 直径 (mm) | 长度 (m) | 重量 (kg) | ($m^3$) |
| 16 | 4710.08 | 7441.93 | 181.09 |
| 14 | 7271.21 | 8798.16 | |
| 12 | 1329.02 | 1180.17 | |
| 共计HRB335级钢筋 17420.26kg | | | |

说明：

1. 图中尺寸单位均以mm计。
2. 材料：混凝土C25；钢筋保护层厚度：池壁及底板上侧为30mm，底板下侧为40mm；钢筋搭接长度40d。
3. 钢筋在板内均匀分布。

第五部分　蓄水池

图名　1000m³圆形露天蓄水池池壁配筋图　图号　5-20

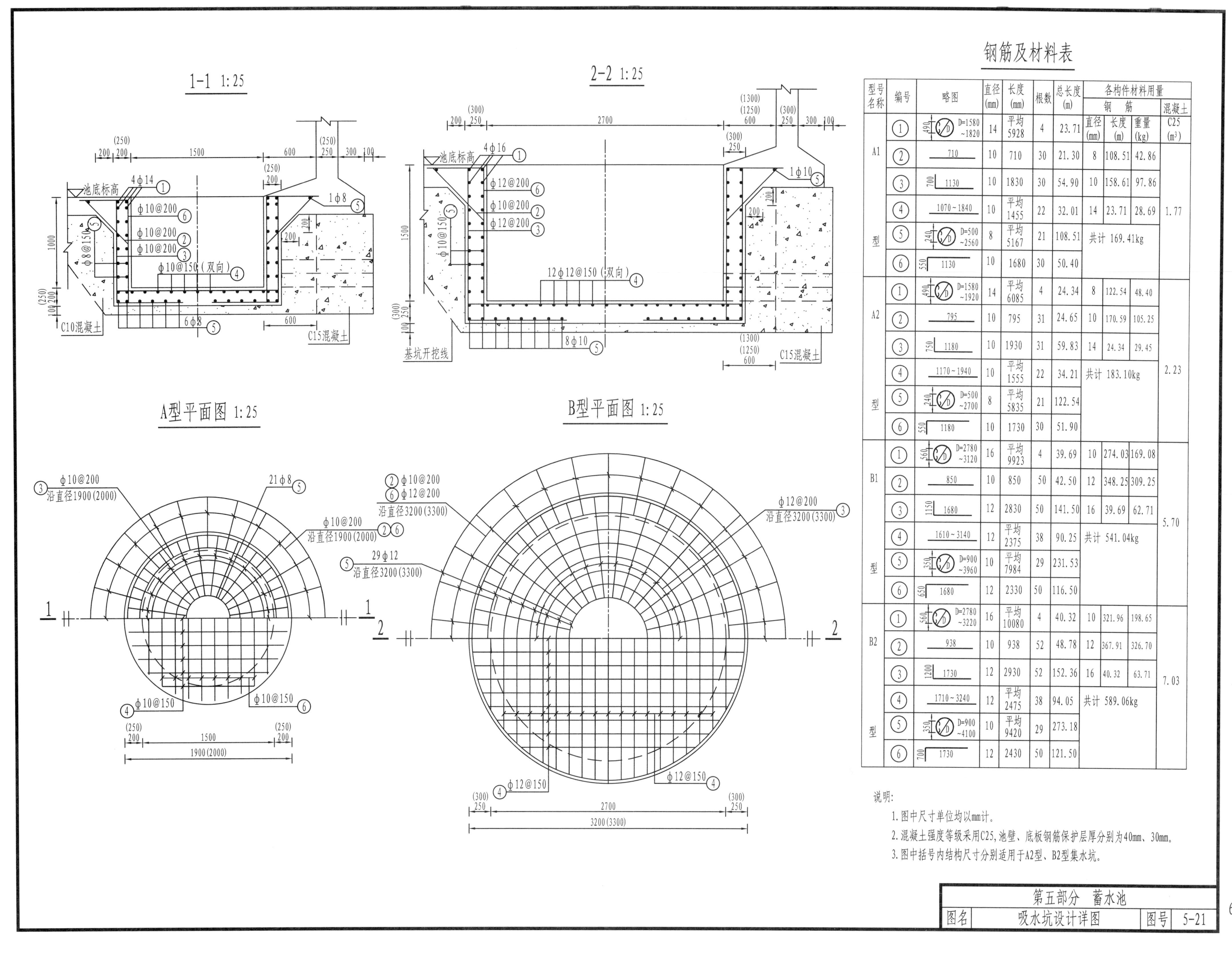


# 钢筋及材料表

| 型号名称 | 编号 | 略图 | 直径(mm) | 长度(mm) | 根数 | 总长度(m) | 钢筋 直径(mm) | 钢筋 长度(m) | 钢筋 重量(kg) | 混凝土 C25(m³) |
|---|---|---|---|---|---|---|---|---|---|---|
| A1型 | ① | 490, D=1580~1820 | 14 | 平均5928 | 4 | 23.71 | 8 | 108.51 | 42.86 | 1.77 |
| | ② | 710 | 10 | 710 | 30 | 21.30 | 10 | 158.61 | 97.86 | |
| | ③ | 700, 1130 | 10 | 1830 | 30 | 54.90 | 14 | 23.71 | 28.69 | |
| | ④ | 1070~1840 | 10 | 平均1455 | 22 | 32.01 | 共计 169.41kg | | | |
| | ⑤ | 240, D=500~2560 | 8 | 平均5167 | 21 | 108.51 | | | | |
| | ⑥ | 550, 1130 | 10 | 1680 | 30 | 50.40 | | | | |
| A2型 | ① | 490, D=1580~1920 | 14 | 平均6085 | 4 | 24.34 | 8 | 122.54 | 48.40 | 2.23 |
| | ② | 795 | 10 | 795 | 31 | 24.65 | 10 | 170.59 | 105.25 | |
| | ③ | 750, 1180 | 10 | 1930 | 31 | 59.83 | 14 | 24.34 | 29.45 | |
| | ④ | 1170~1940 | 10 | 平均1555 | 22 | 34.21 | 共计 183.10kg | | | |
| | ⑤ | 240, D=500~2700 | 8 | 平均5835 | 21 | 122.54 | | | | |
| | ⑥ | 550, 1180 | 10 | 1730 | 30 | 51.90 | | | | |
| B1型 | ① | 560, D=2780~3120 | 16 | 平均9923 | 4 | 39.69 | 10 | 274.03 | 169.08 | 5.70 |
| | ② | 850 | 10 | 850 | 50 | 42.50 | 12 | 348.25 | 309.25 | |
| | ③ | 1150, 1680 | 12 | 2830 | 50 | 141.50 | 16 | 39.69 | 62.71 | |
| | ④ | 1610~3140 | 12 | 平均2375 | 38 | 90.25 | 共计 541.04kg | | | |
| | ⑤ | 350, D=900~3960 | 10 | 平均7984 | 29 | 231.53 | | | | |
| | ⑥ | 650, 1680 | 12 | 2330 | 50 | 116.50 | | | | |
| B2型 | ① | 560, D=2780~3220 | 16 | 平均10080 | 4 | 40.32 | 10 | 321.96 | 198.65 | 7.03 |
| | ② | 938 | 10 | 938 | 52 | 48.78 | 12 | 367.91 | 326.70 | |
| | ③ | 1200, 1730 | 12 | 2930 | 52 | 152.36 | 16 | 40.32 | 63.71 | |
| | ④ | 1710~3240 | 12 | 平均2475 | 38 | 94.05 | 共计 589.06kg | | | |
| | ⑤ | 350, D=900~4100 | 10 | 平均9420 | 29 | 273.18 | | | | |
| | ⑥ | 700, 1730 | 12 | 2430 | 50 | 121.50 | | | | |

说明:

1. 图中尺寸单位均以mm计。
2. 混凝土强度等级采用C25,池壁、底板钢筋保护层厚分别为40mm、30mm。
3. 图中括号内结构尺寸分别适用于A2型、B2型集水坑。

| 第五部分 蓄水池 | | | |
|---|---|---|---|
| 图名 | 吸水坑设计详图 | 图号 | 5-21 |

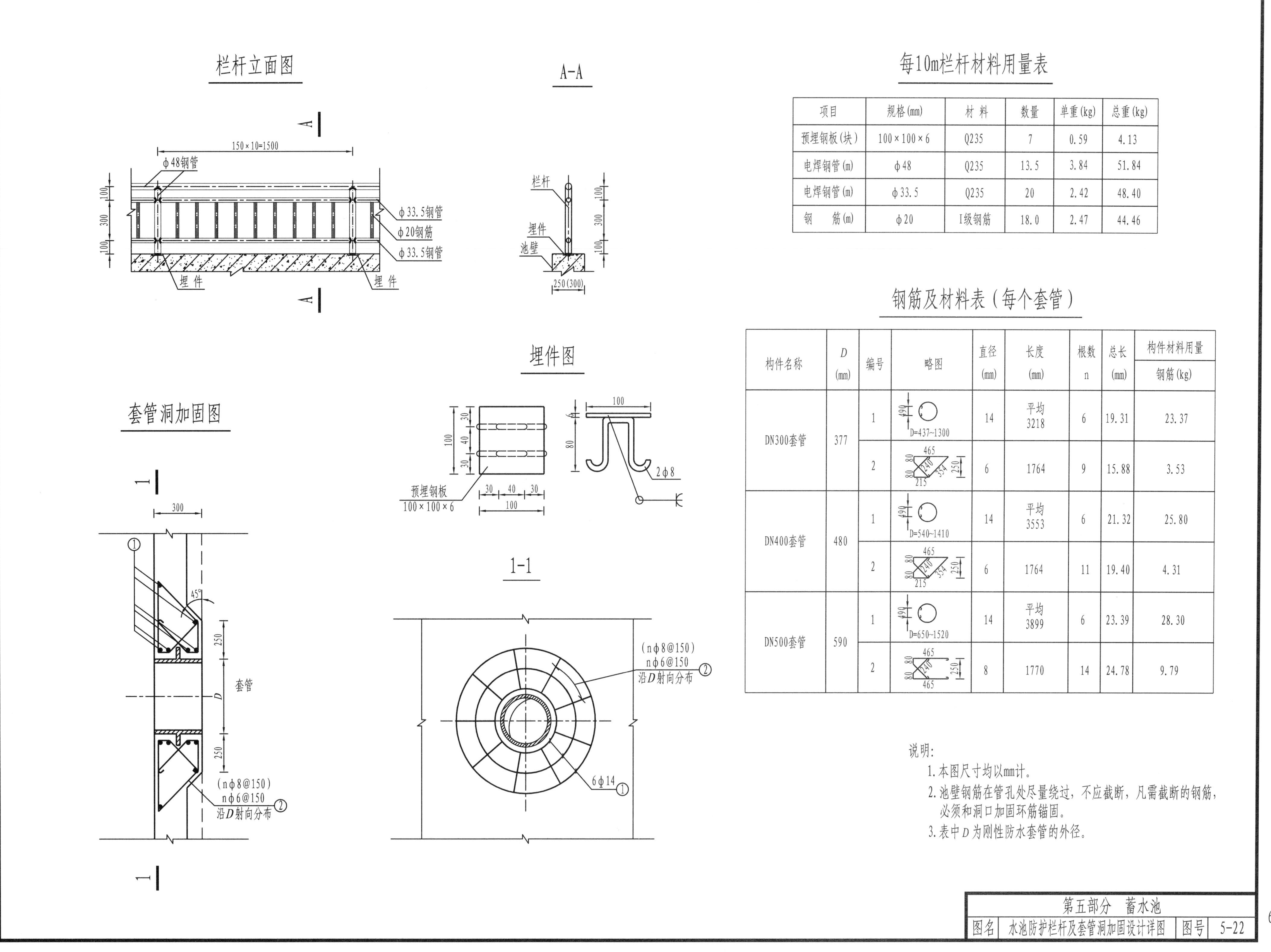


## 每10m栏杆材料用量表

| 项目 | 规格(mm) | 材 料 | 数量 | 单重(kg) | 总重(kg) |
|---|---|---|---|---|---|
| 预埋钢板(块) | 100×100×6 | Q235 | 7 | 0.59 | 4.13 |
| 电焊钢管(m) | ϕ48 | Q235 | 13.5 | 3.84 | 51.84 |
| 电焊钢管(m) | ϕ33.5 | Q235 | 20 | 2.42 | 48.40 |
| 钢 筋(m) | ϕ20 | I级钢筋 | 18.0 | 2.47 | 44.46 |

## 钢筋及材料表(每个套管)

| 构件名称 | D (mm) | 编号 | 略图 | 直径 (mm) | 长度 (mm) | 根数 n | 总长 (mm) | 构件材料用量 钢筋(kg) |
|---|---|---|---|---|---|---|---|---|
| DN300套管 | 377 | 1 | D=437~1300 | 14 | 平均 3218 | 6 | 19.31 | 23.37 |
| | | 2 | | 6 | 1764 | 9 | 15.88 | 3.53 |
| DN400套管 | 480 | 1 | D=540~1410 | 14 | 平均 3553 | 6 | 21.32 | 25.80 |
| | | 2 | | 6 | 1764 | 11 | 19.40 | 4.31 |
| DN500套管 | 590 | 1 | D=650~1520 | 14 | 平均 3899 | 6 | 23.39 | 28.30 |
| | | 2 | | 8 | 1770 | 14 | 24.78 | 9.79 |

说明:

1. 本图尺寸均以mm计。
2. 池壁钢筋在管孔处尽量绕过,不应截断,凡需截断的钢筋,必须和洞口加固环筋锚固。
3. 表中$D$为刚性防水套管的外径。

| 第五部分 蓄水池 | | | |
|---|---|---|---|
| 图名 | 水池防护栏杆及套管洞加固设计详图 | 图号 | 5-22 |

## 尺寸表

| 吸水管规格 | 支座型式 | $D_1$ | $D_2$ | $D_3$ | $D_4$ | $H$ | $h$ | $M$ | $K$ |
|---|---|---|---|---|---|---|---|---|---|
| DN200 | A | 350 | 540 | 400 | 250 | 400 | 80 | 50 | 9 |
| DN250 | B | 425 | 325 | — | — | 400 | 80 | 50 | 10 |
| DN300 | | 500 | 400 | — | — | 500 | 80 | 50 | 10 |
| DN400 | | 650 | 550 | — | — | 500 | 80 | 50 | 11 |
| DN500 | C | 800 | 700 | — | — | 600 | 80 | 50 | 12 |

## 明细表

| 序号 | 名称 | 吸水管规格 | 组件规格 | 数量 | 材料 | 重量 单重(kg) | 重量 总重(kg) | 备注 |
|---|---|---|---|---|---|---|---|---|
| 1 | 件1 | DN200 | ϕ16 L=1696 | 1 | Q235 | 2.68 | 2.68 | A型 |
| | | DN250 | ϕ18 L=1021 | | | 2.04 | 2.04 | B型 |
| | | DN300 | ϕ18 L=1257 | | | 2.51 | 2.51 | |
| | | DN400 | ϕ18 L=1728 | | | 3.46 | 3.46 | |
| | | DN500 | ϕ22 L=2199 | | | 6.55 | 6.55 | C型 |
| 2 | 件2 | DN200 | ϕ16 L=1257 | 1 | Q235 | 1.99 | 1.99 | A型 |
| | | DN250 | ϕ18 L=1021 | | | 2.04 | 2.04 | B型 |
| | | DN300 | ϕ18 L=1257 | | | 2.51 | 2.51 | |
| | | DN400 | ϕ18 L=1728 | | | 3.46 | 3.46 | |
| | | DN500 | ϕ22 L=2199 | | | 6.55 | 6.55 | C型 |
| 3 | 件3 | DN200 | ϕ16 L=785 | 1 | Q235 | 1.24 | 1.24 | A型 |
| | | DN250 | ϕ18 L=1021 | | | 2.04 | 2.04 | B型 |
| | | DN300 | ϕ18 L=1257 | | | 2.51 | 2.51 | |
| | | DN400 | ϕ18 L=1728 | | | 3.46 | 3.46 | |
| | | DN500 | ϕ22 L=2199 | | | 6.55 | 6.55 | C型 |
| 4 | 件4 | DN200 | ϕ16 L=569 | 4 | Q235 | 0.90 | 3.60 | A型 |
| | | DN250 | ϕ18 L=530 | 6 | | 1.06 | 6.36 | B型 |
| | | DN300 | ϕ18 L=630 | | | 1.26 | 7.56 | |
| | | DN400 | ϕ18 L=630 | | | 1.26 | 7.56 | |
| | | DN500 | ϕ22 L=730 | 8 | | 2.18 | 17.44 | C型 |

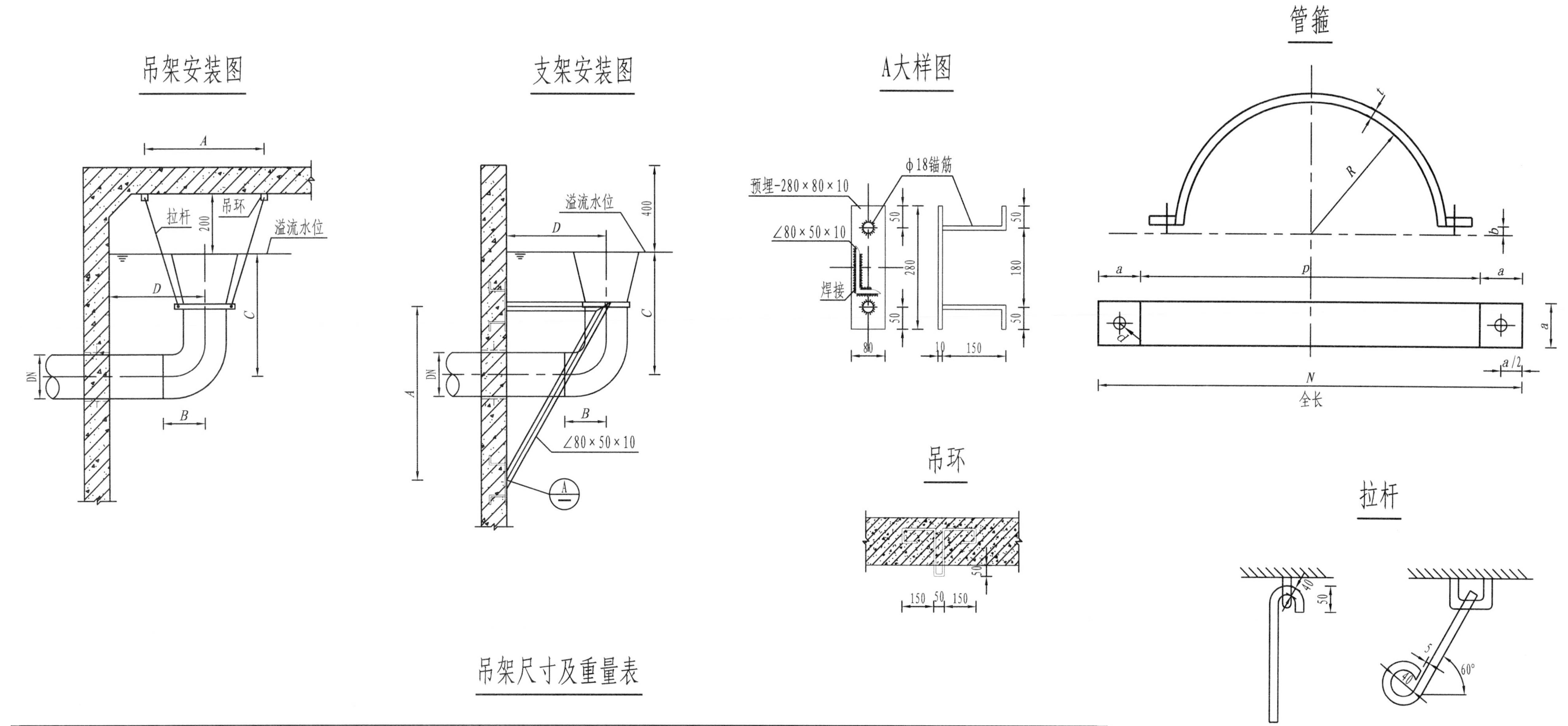


## 吊架尺寸及重量表

| 公称直径 | 吊环（2只） | | | 拉杆（2只） | | | 管箍（2只） | | | | | | | | 总重 | 安装尺寸(mm) | | | |
|---|---|---|---|---|---|---|---|---|---|---|---|---|---|---|---|---|---|---|---|
| DN | 直径 | 长度 | 重量(kg) | 直径 | 长度 | 重量(kg) | a | b | t | R | P | N | d | 重量(kg) | (kg) | A | B | C | D |
| 200 | 16 | 2×900 | 2.84 | 16 | 2×976 | 3.08 | 60 | 8 | 4 | 109.5 | 328 | 448 | 16 | 2×0.831 | 7.58 | 1088 | 300 | 1300 | 850 |
| 250 | 16 | 2×900 | 2.84 | 16 | 2×1061 | 3.35 | 80 | 9 | 5 | 136.5 | 411 | 571 | 18 | 2×1.773 | 9.74 | 1244 | 310 | 1400 | 950 |

## 支架尺寸及重量表

| 公称直径 | 预埋铁板（4块） | | | 锚筋（8根） | | | 支架 | | | 管箍（2只） | | | | | | | | 安装尺寸(mm) | | | |
|---|---|---|---|---|---|---|---|---|---|---|---|---|---|---|---|---|---|---|---|---|---|
| DN | 规格 | 单重(kg) | 重量(kg) | 规格 | 长度 | 重量(kg) | 规格 | 长度 | 重量(kg) | a | b | t | R | P | N | d | 重量(kg) | A | B | C | D |
| 300 | 280×80×10 | 1.76 | 7.04 | Φ18 | 1600 | 3.20 | ∠80×50×10 | 5700 | 28.53 | 80 | 9 | 5 | 162.5 | 492 | 652 | 18 | 2×2.027 | 1900 | 310 | 1360 | 950 |
| 400 | 280×80×10 | 1.76 | 7.04 | Φ18 | 1600 | 3.20 | ∠80×50×10 | 6600 | 33.03 | 80 | 9 | 5 | 213.0 | 651 | 811 | 18 | 2×2.527 | 2200 | 400 | 1250 | 1100 |
| 500 | 280×80×10 | 1.76 | 7.04 | Φ18 | 1600 | 3.20 | ∠80×50×10 | 7200 | 36.04 | 80 | 9 | 5 | 265.0 | 815 | 975 | 18 | 2×3.042 | 2400 | 500 | 1320 | 1200 |

说明：

1. 所用材料：管件及水管吊架用Q235A钢制。
2. 吊架总重为一副吊架总重。
3. 法兰尺寸见02S403《钢制管件》。
4. 防腐采用无毒防腐漆底漆一道面漆二道。

| 第五部分　蓄水池 | | | |
|---|---|---|---|
| 图名 | 溢水管吊架、支架设计详图 | 图号 | 5-24 |

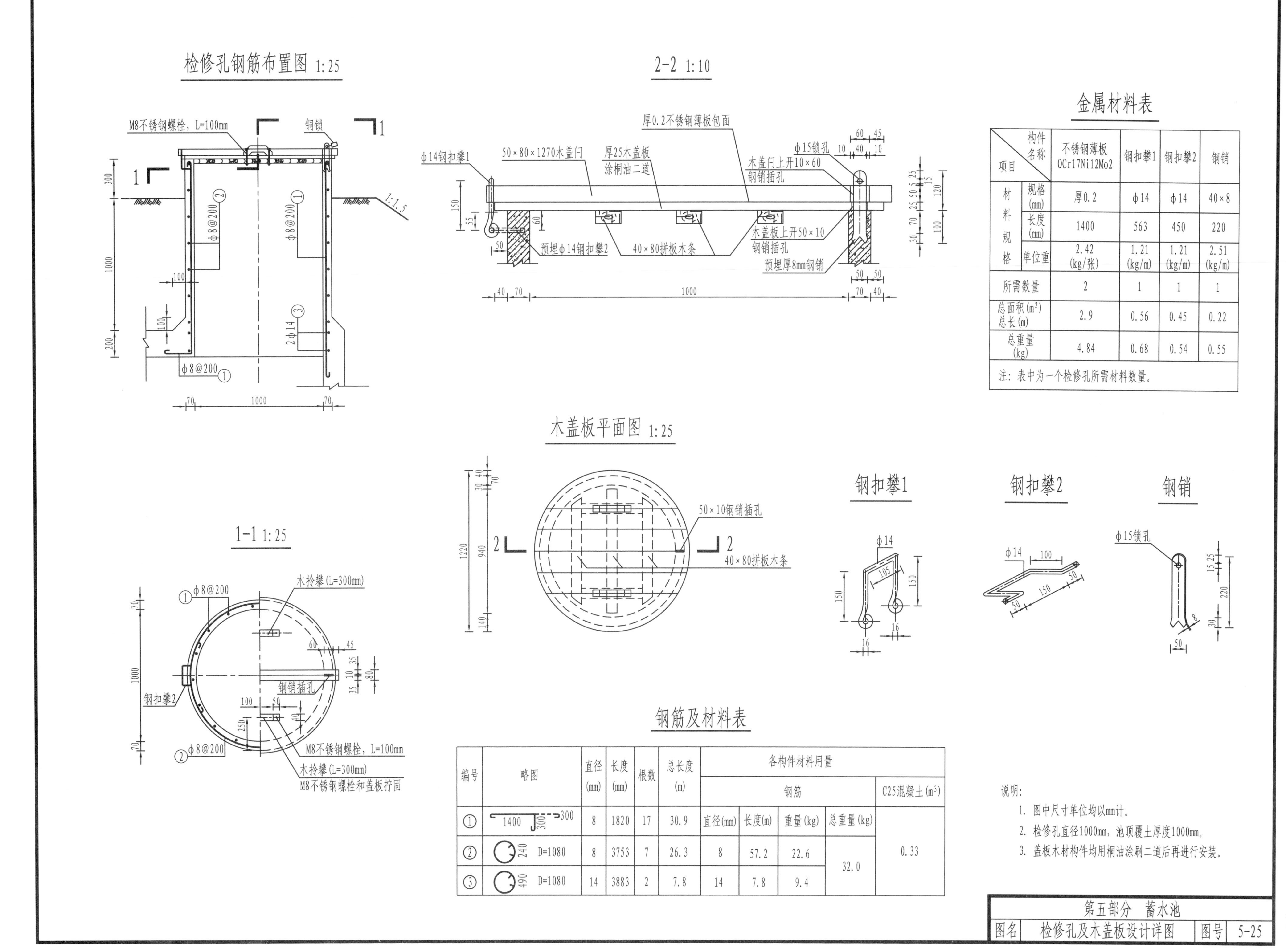


## 金属材料表

| 项目 / 构件名称 | | 不锈钢薄板 0Cr17Ni12Mo2 | 钢扣攀1 | 钢扣攀2 | 钢销 |
|---|---|---|---|---|---|
| 材料规格 | 规格(mm) | 厚0.2 | φ14 | φ14 | 40×8 |
| | 长度(mm) | 1400 | 563 | 450 | 220 |
| | 单位重 | 2.42 (kg/张) | 1.21 (kg/m) | 1.21 (kg/m) | 2.51 (kg/m) |
| 所需数量 | | 2 | 1 | 1 | 1 |
| 总面积($m^2$) 总长(m) | | 2.9 | 0.56 | 0.45 | 0.22 |
| 总重量(kg) | | 4.84 | 0.68 | 0.54 | 0.55 |

注：表中为一个检修孔所需材料数量。

## 钢筋及材料表

| 编号 | 略图 | 直径(mm) | 长度(mm) | 根数 | 总长度(m) | 钢筋 直径(mm) | 钢筋 长度(m) | 钢筋 重量(kg) | 钢筋 总重量(kg) | C25混凝土($m^3$) |
|---|---|---|---|---|---|---|---|---|---|---|
| ① | 1400 300 300 | 8 | 1820 | 17 | 30.9 | | | | | 0.33 |
| ② | 240 D=1080 | 8 | 3753 | 7 | 26.3 | 8 | 57.2 | 22.6 | 32.0 | |
| ③ | 490 D=1080 | 14 | 3883 | 2 | 7.8 | 14 | 7.8 | 9.4 | | |

说明：
1. 图中尺寸单位均以mm计。
2. 检修孔直径1000mm，池顶覆土厚度1000mm。
3. 盖板木材构件均用桐油涂刷二道后再进行安装。

第五部分 蓄水池

图名 检修孔及木盖板设计详图 图号 5-25

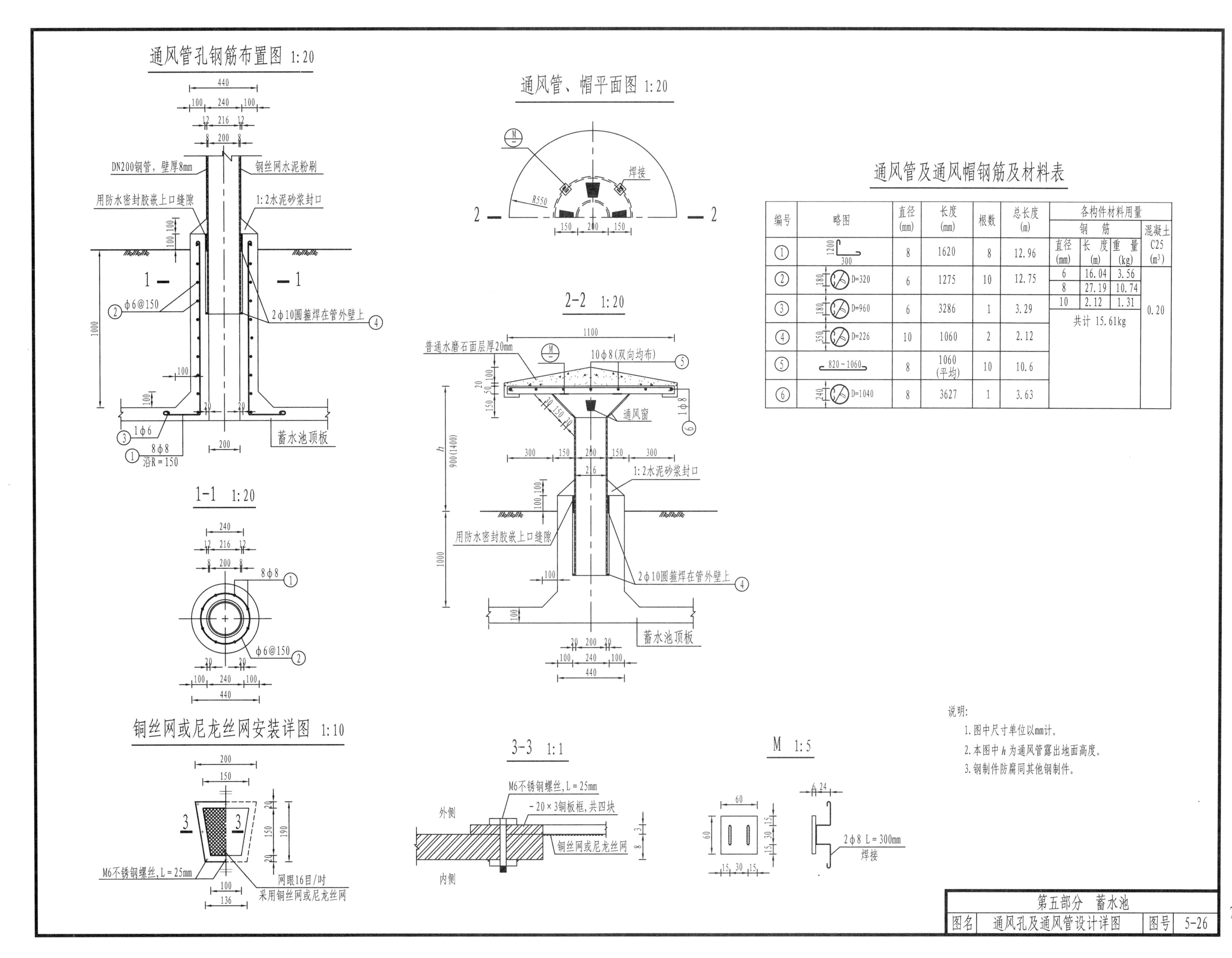


## 通风管及通风帽钢筋及材料表

| 编号 | 略图 | 直径 (mm) | 长度 (mm) | 根数 | 总长度 (m) |
|---|---|---|---|---|---|
| ① | 1200 / 300 | 8 | 1620 | 8 | 12.96 |
| ② | 180, D=320 | 6 | 1275 | 10 | 12.75 |
| ③ | 180, D=960 | 6 | 3286 | 1 | 3.29 |
| ④ | 350, D=226 | 10 | 1060 | 2 | 2.12 |
| ⑤ | 820~1060 | 8 | 1060 (平均) | 10 | 10.6 |
| ⑥ | 240, D=1040 | 8 | 3627 | 1 | 3.63 |

| 各构件材料用量 | | | |
|---|---|---|---|
| 钢筋 | | | 混凝土 C25 ($m^3$) |
| 直径 (mm) | 长度 (m) | 重量 (kg) | |
| 6 | 16.04 | 3.56 | 0.20 |
| 8 | 27.19 | 10.74 | |
| 10 | 2.12 | 1.31 | |
| 共计 15.61kg | | | |

说明：
1. 图中尺寸单位以mm计。
2. 本图中 $h$ 为通风管露出地面高度。
3. 钢制件防腐同其他钢制件。

| 第五部分 蓄水池 | | | |
|---|---|---|---|
| 图名 | 通风孔及通风管设计详图 | 图号 | 5-26 |

# 第六部分　水窖

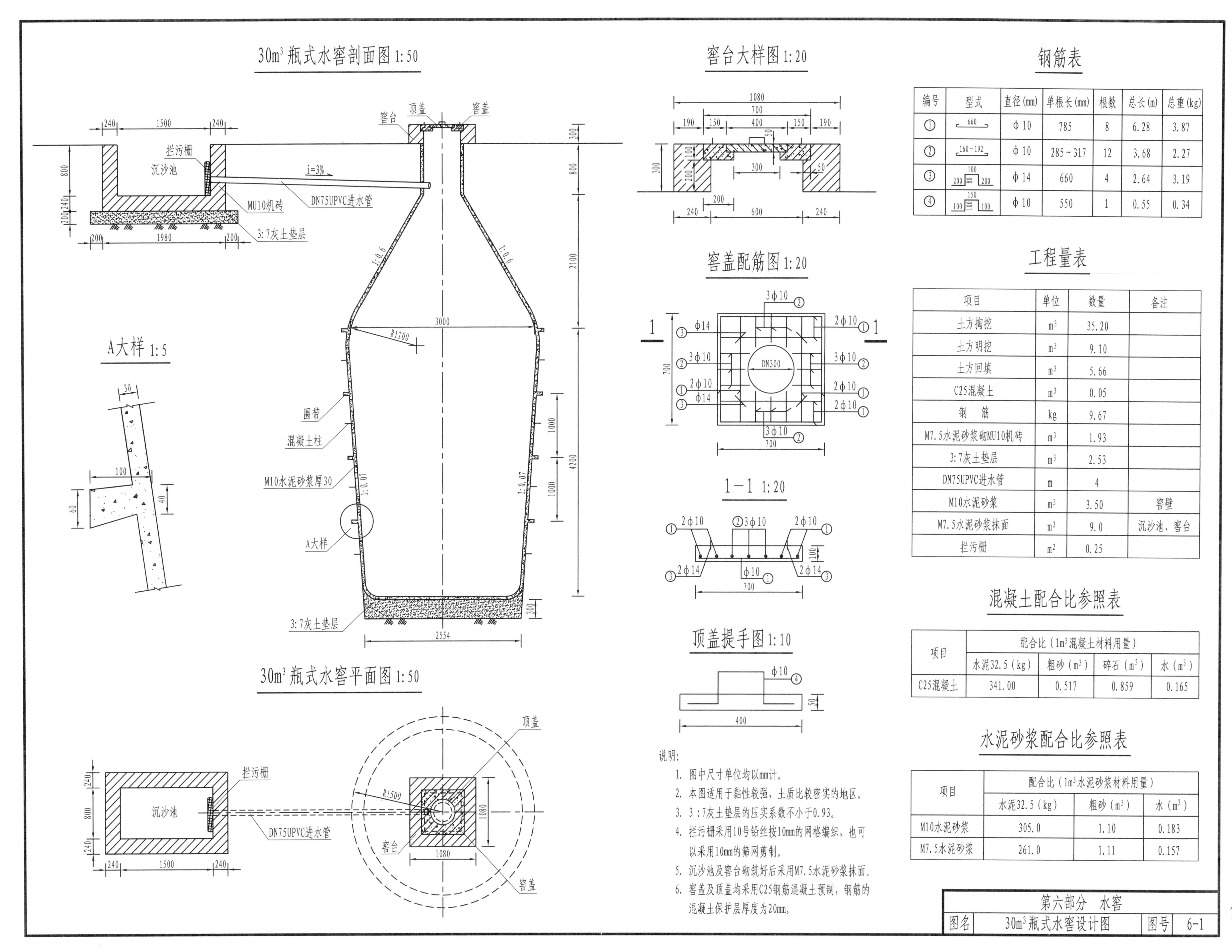


## 钢筋表

| 编号 | 型式 | 直径(mm) | 单根长(mm) | 根数 | 总长(m) | 总重(kg) |
|---|---|---|---|---|---|---|
| ① | 660 | φ10 | 785 | 8 | 6.28 | 3.87 |
| ② | 160~192 | φ10 | 285~317 | 12 | 3.68 | 2.27 |
| ③ | 200 100 80 200 | φ14 | 660 | 4 | 2.64 | 3.19 |
| ④ | 100 150 100 100 | φ10 | 550 | 1 | 0.55 | 0.34 |

## 工程量表

| 项目 | 单位 | 数量 | 备注 |
|---|---|---|---|
| 土方掏挖 | m³ | 35.20 | |
| 土方明挖 | m³ | 9.10 | |
| 土方回填 | m³ | 5.66 | |
| C25混凝土 | m³ | 0.05 | |
| 钢　筋 | kg | 9.67 | |
| M7.5水泥砂浆砌MU10机砖 | m³ | 1.93 | |
| 3:7灰土垫层 | m³ | 2.53 | |
| DN75UPVC进水管 | m | 4 | |
| M10水泥砂浆 | m³ | 3.50 | 窖壁 |
| M7.5水泥砂浆抹面 | m² | 9.0 | 沉沙池、窖台 |
| 拦污栅 | m² | 0.25 | |

## 混凝土配合比参照表

| 项目 | 配合比（1m³混凝土材料用量） | | | |
|---|---|---|---|---|
| | 水泥32.5（kg） | 粗砂（m³） | 碎石（m³） | 水（m³） |
| C25混凝土 | 341.00 | 0.517 | 0.859 | 0.165 |

## 水泥砂浆配合比参照表

| 项目 | 配合比（1m³水泥砂浆材料用量） | | |
|---|---|---|---|
| | 水泥32.5（kg） | 粗砂（m³） | 水（m³） |
| M10水泥砂浆 | 305.0 | 1.10 | 0.183 |
| M7.5水泥砂浆 | 261.0 | 1.11 | 0.157 |

说明：

1. 图中尺寸单位均以mm计。
2. 本图适用于黏性较强，土质比较密实的地区。
3. 3:7灰土垫层的压实系数不小于0.93。
4. 拦污栅采用10号铅丝按10mm的网格编织，也可以采用10mm的筛网剪制。
5. 沉沙池及窖台砌筑好后采用M7.5水泥砂浆抹面。
6. 窖盖及顶盖均采用C25钢筋混凝土预制，钢筋的混凝土保护层厚度为20mm。

| 第六部分　水窖 | | | |
|---|---|---|---|
| 图名 | 30m³瓶式水窖设计图 | 图号 | 6-1 |

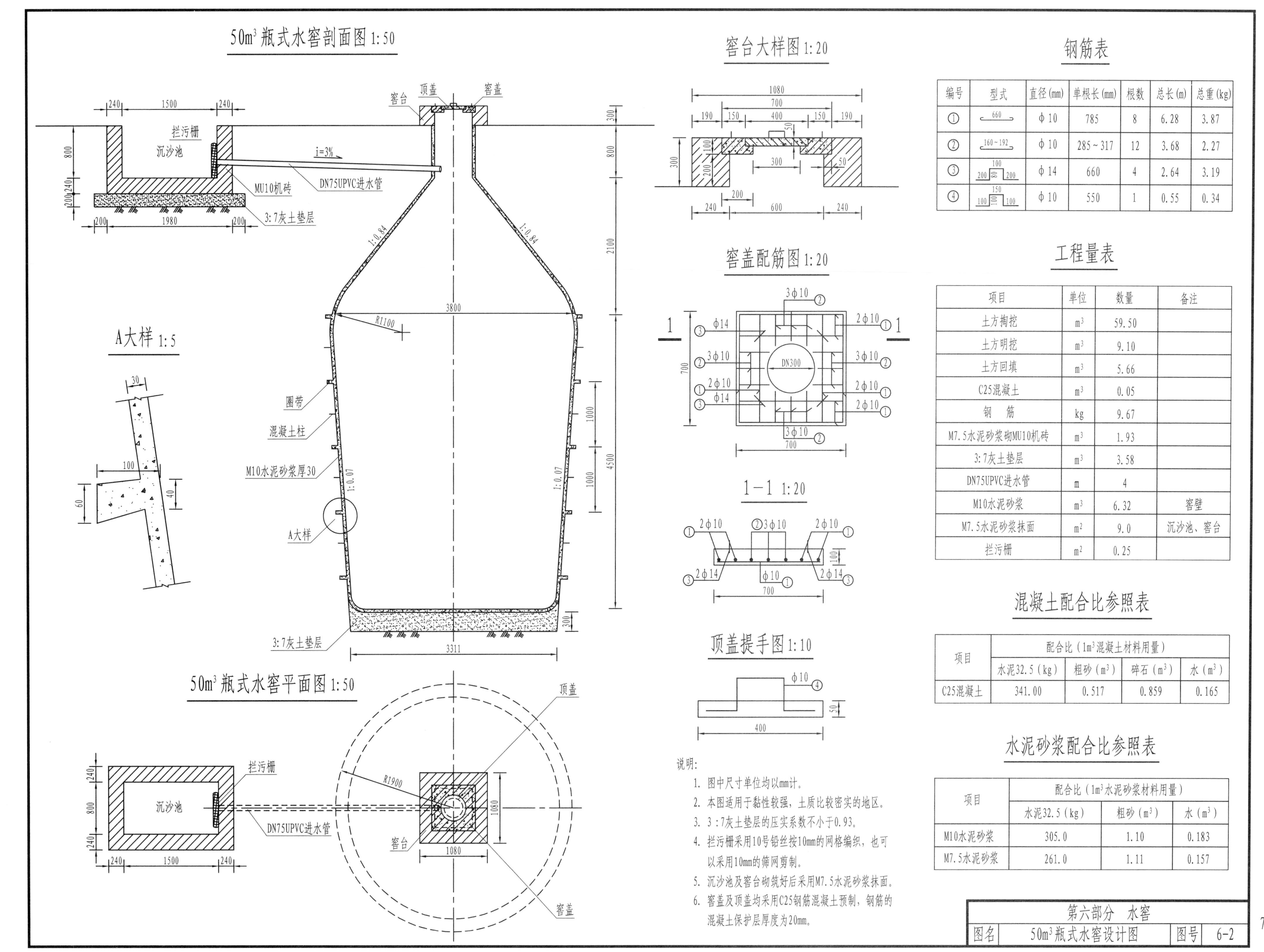


## 钢筋表

| 编号 | 型式 | 直径(mm) | 单根长(mm) | 根数 | 总长(m) | 总重(kg) |
|---|---|---|---|---|---|---|
| ① | 660 | φ10 | 785 | 8 | 6.28 | 3.87 |
| ② | 160~192 | φ10 | 285~317 | 12 | 3.68 | 2.27 |
| ③ | 200 80 100 200 | φ14 | 660 | 4 | 2.64 | 3.19 |
| ④ | 100 50 150 100 | φ10 | 550 | 1 | 0.55 | 0.34 |

## 工程量表

| 项目 | 单位 | 数量 | 备注 |
|---|---|---|---|
| 土方掏挖 | m³ | 59.50 | |
| 土方明挖 | m³ | 9.10 | |
| 土方回填 | m³ | 5.66 | |
| C25混凝土 | m³ | 0.05 | |
| 钢　筋 | kg | 9.67 | |
| M7.5水泥砂浆砌MU10机砖 | m³ | 1.93 | |
| 3:7灰土垫层 | m³ | 3.58 | |
| DN75UPVC进水管 | m | 4 | |
| M10水泥砂浆 | m³ | 6.32 | 窖壁 |
| M7.5水泥砂浆抹面 | m² | 9.0 | 沉沙池、窖台 |
| 拦污栅 | m² | 0.25 | |

## 混凝土配合比参照表

| 项目 | 配合比（1m³混凝土材料用量） | | | |
|---|---|---|---|---|
| | 水泥32.5（kg） | 粗砂（m³） | 碎石（m³） | 水（m³） |
| C25混凝土 | 341.00 | 0.517 | 0.859 | 0.165 |

## 水泥砂浆配合比参照表

| 项目 | 配合比（1m³水泥砂浆材料用量） | | |
|---|---|---|---|
| | 水泥32.5（kg） | 粗砂（m³） | 水（m³） |
| M10水泥砂浆 | 305.0 | 1.10 | 0.183 |
| M7.5水泥砂浆 | 261.0 | 1.11 | 0.157 |

说明:

1. 图中尺寸单位均以mm计。
2. 本图适用于黏性较强，土质比较密实的地区。
3. 3：7灰土垫层的压实系数不小于0.93。
4. 拦污栅采用10号铅丝按10mm的网格编织，也可以采用10mm的筛网剪制。
5. 沉沙池及窖台砌筑好后采用M7.5水泥砂浆抹面。
6. 窖盖及顶盖均采用C25钢筋混凝土预制，钢筋的混凝土保护层厚度为20mm。

| 第六部分　水窖 | | | |
|---|---|---|---|
| 图名 | 50m³瓶式水窖设计图 | 图号 | 6-2 |

## 30m³圆柱形水窖平面图1:50

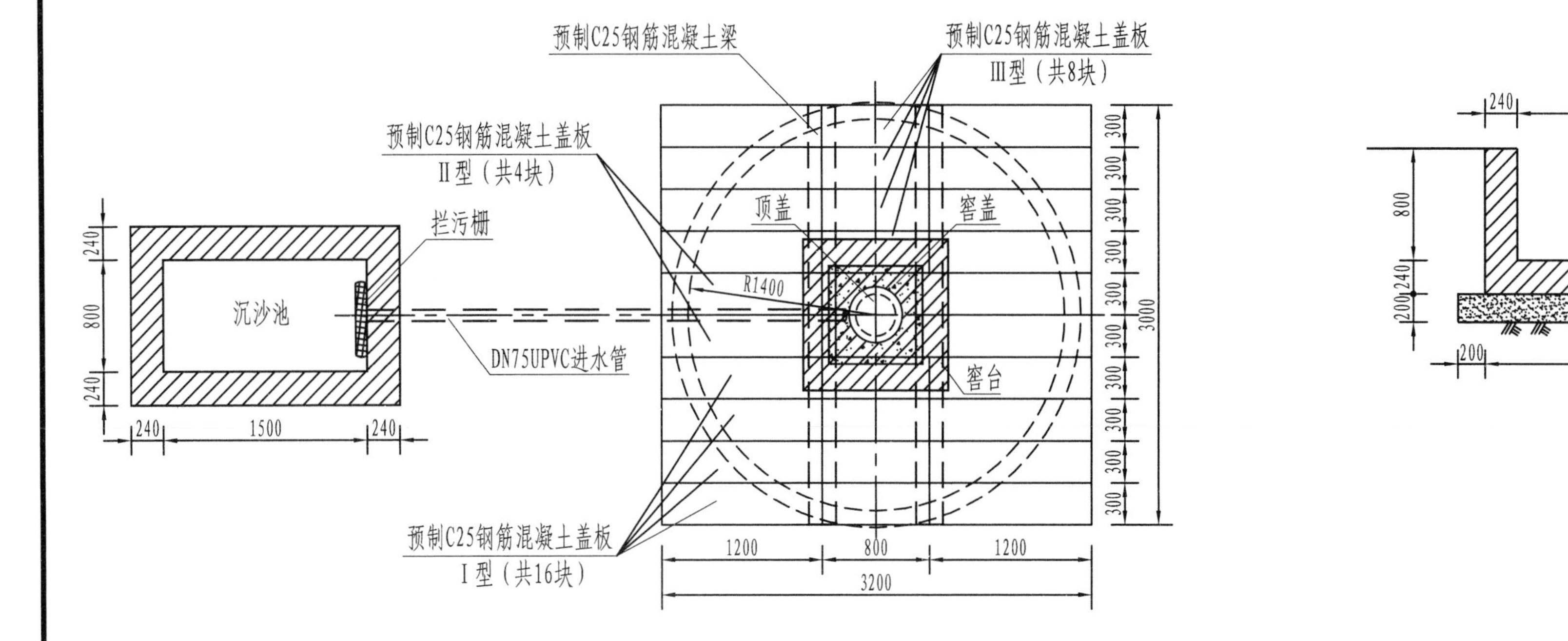


## 30m³圆柱形水窖剖面图1:50

## 工程量表

| 项目 | 单位 | 数量 | 备注 |
|---|---|---|---|
| 土方开挖 | $m^3$ | 356.17 | |
| 土方回填 | $m^3$ | 311.87 | |
| C20素混凝土 | $m^3$ | 6.26 | |
| C25钢筋混凝土 | $m^3$ | 1.45 | 顶板、盖板、梁 |
| 钢筋 | kg | 195.48 | 顶板、盖板、梁 |
| M7.5水泥砂浆抹面 | $m^2$ | 11.0 | |
| 3:7灰土垫层 | $m^3$ | 3.59 | |
| M7.5水泥砂浆砌MU10机砖 | $m^3$ | 2.57 | 沉沙池、窖台 |
| DN75UPVC进水管 | m | 4 | |
| 拦污栅 | $m^2$ | 0.25 | |
| PVC防水卷材 | $m^2$ | 9.24 | 厚0.3mm |

## 窖台大样图1:20

## 水泥砂浆配合比参照表

| 项目 | 配合比（1m³水泥砂浆材料用量） | | |
|---|---|---|---|
| | 水泥32.5（kg） | 粗砂（m³） | 水（m³） |
| M7.5水泥砂浆 | 261.0 | 1.11 | 0.157 |

## 混凝土配合比参照表

| 项目 | 配合比（1m³混凝土材料用量） | | | |
|---|---|---|---|---|
| | 水泥32.5（kg） | 粗砂（m³） | 碎石（m³） | 水（m³） |
| C25混凝土 | 341.00 | 0.517 | 0.859 | 0.165 |
| C20混凝土 | 317.90 | 0.539 | 0.859 | 0.165 |

说明：

1. 图中尺寸单位均以mm计。
2. 本图适用于土质比较松散的地区，应采用大开挖形式施工，本图开挖边坡按1:0.75计。
3. 水窖及沉沙池基础夯实系数不低于0.93。
4. 水窖周边回填土应结合池壁混凝土浇筑进度分层均匀回填，顶部覆土回填时，要避免大力夯填，回填土内不得含有较大石块，压实系数不低于0.90。
5. 水窖顶部预制混凝土盖板铺设后，应在其上面覆盖一层0.3mmPVC防水卷材，然后再进行覆土回填。
6. 拦污栅采用10号铅丝按10mm间距的网格编织，也可以采用10mm筛网剪制。
7. 本套图共2张，应配合使用。

| 第六部分　水窖 | | | |
|---|---|---|---|
| 图名 | 30m³圆柱形水窖设计图 | 图号 | 6-3 |

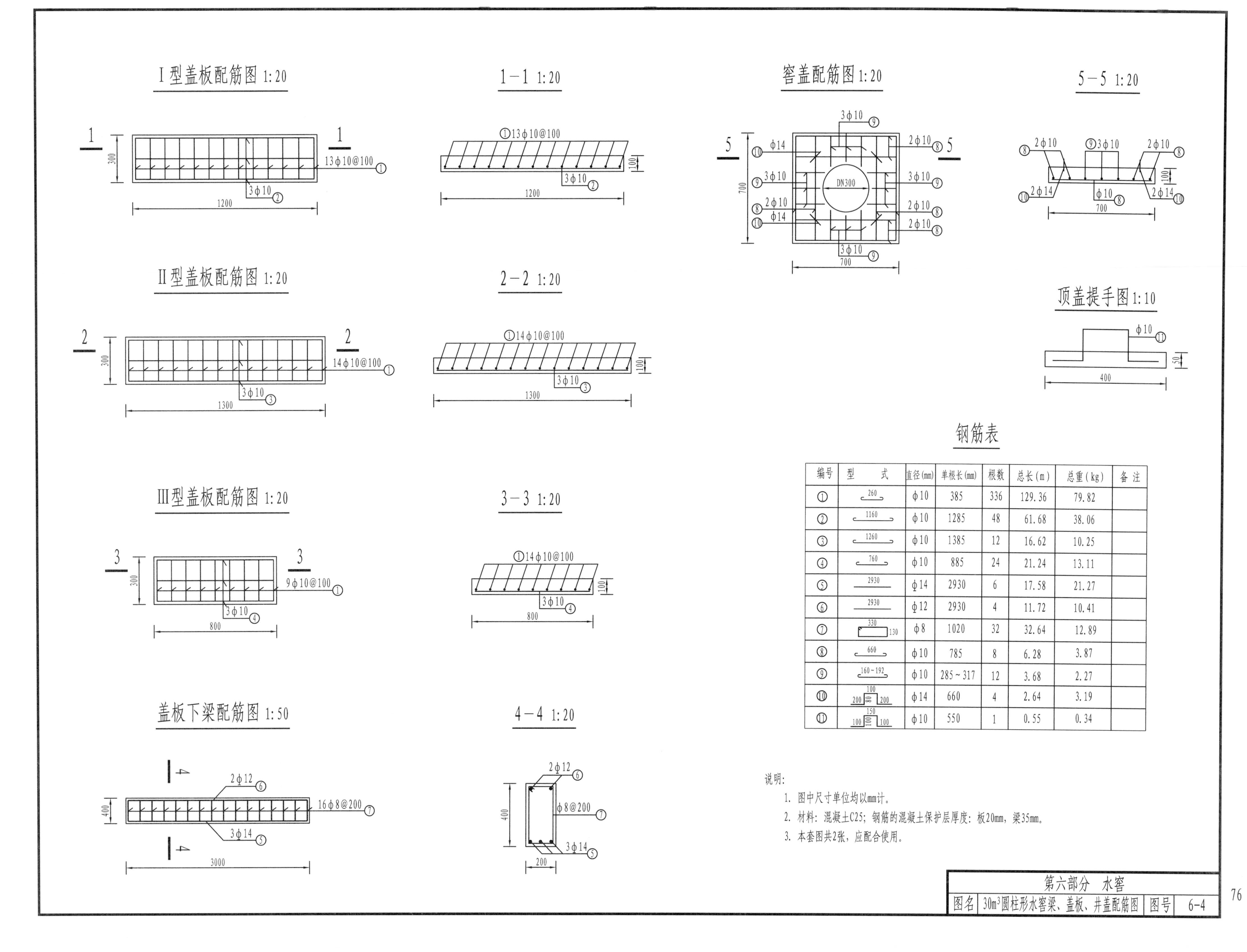


## 钢筋表

| 编号 | 型　式 | 直径(mm) | 单根长(mm) | 根数 | 总长(m) | 总重(kg) | 备注 |
|---|---|---|---|---|---|---|---|
| ① | 260 | φ10 | 385 | 336 | 129.36 | 79.82 | |
| ② | 1160 | φ10 | 1285 | 48 | 61.68 | 38.06 | |
| ③ | 1260 | φ10 | 1385 | 12 | 16.62 | 10.25 | |
| ④ | 760 | φ10 | 885 | 24 | 21.24 | 13.11 | |
| ⑤ | 2930 | φ14 | 2930 | 6 | 17.58 | 21.27 | |
| ⑥ | 2930 | φ12 | 2930 | 4 | 11.72 | 10.41 | |
| ⑦ | 330 130 | φ8 | 1020 | 32 | 32.64 | 12.89 | |
| ⑧ | 660 | φ10 | 785 | 8 | 6.28 | 3.87 | |
| ⑨ | 160~192 | φ10 | 285~317 | 12 | 3.68 | 2.27 | |
| ⑩ | 100 200 80 200 | φ14 | 660 | 4 | 2.64 | 3.19 | |
| ⑪ | 150 100 100 100 | φ10 | 550 | 1 | 0.55 | 0.34 | |

说明:

1. 图中尺寸单位均以mm计。
2. 材料：混凝土C25；钢筋的混凝土保护层厚度：板20mm，梁35mm。
3. 本套图共2张，应配合使用。

| 第六部分　水窖 | | | |
|---|---|---|---|
| 图名 | 30m³圆柱形水窖梁、盖板、井盖配筋图 | 图号 | 6-4 |

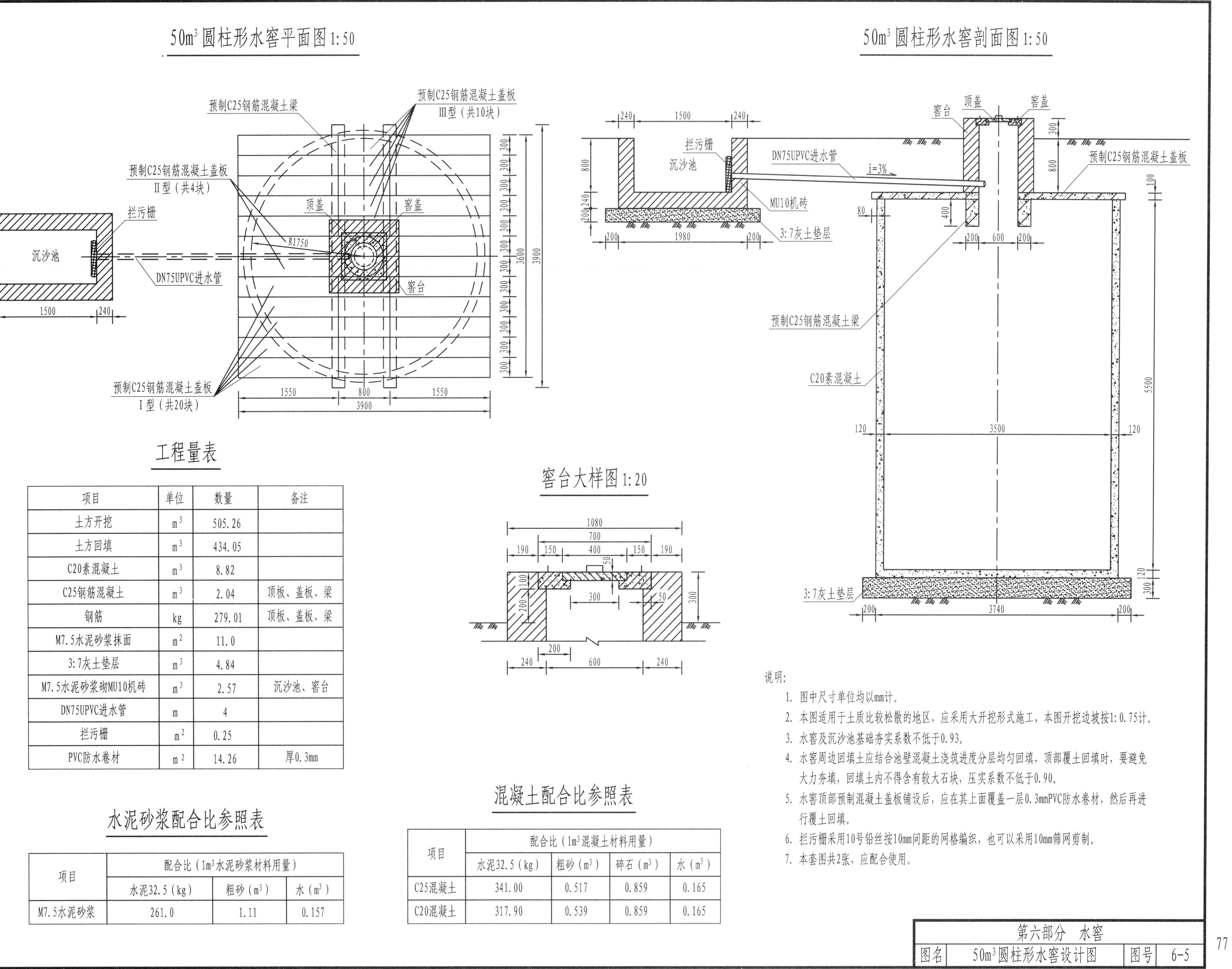


## 工程量表

| 项目 | 单位 | 数量 | 备注 |
|---|---|---|---|
| 土方开挖 | $m^3$ | 505.26 | |
| 土方回填 | $m^3$ | 434.05 | |
| C20素混凝土 | $m^3$ | 8.82 | |
| C25钢筋混凝土 | $m^3$ | 2.04 | 顶板、盖板、梁 |
| 钢筋 | kg | 279.01 | 顶板、盖板、梁 |
| M7.5水泥砂浆抹面 | $m^2$ | 11.0 | |
| 3:7灰土垫层 | $m^3$ | 4.84 | |
| M7.5水泥砂浆砌MU10机砖 | $m^3$ | 2.57 | 沉沙池、窖台 |
| DN75UPVC进水管 | m | 4 | |
| 拦污栅 | $m^2$ | 0.25 | |
| PVC防水卷材 | $m^2$ | 14.26 | 厚0.3mm |

## 水泥砂浆配合比参照表

| 项目 | 配合比（1m³水泥砂浆材料用量） | | |
|---|---|---|---|
| | 水泥32.5（kg） | 粗砂（m³） | 水（m³） |
| M7.5水泥砂浆 | 261.0 | 1.11 | 0.157 |

## 混凝土配合比参照表

| 项目 | 配合比（1m³混凝土材料用量） | | | |
|---|---|---|---|---|
| | 水泥32.5（kg） | 粗砂（m³） | 碎石（m³） | 水（m³） |
| C25混凝土 | 341.00 | 0.517 | 0.859 | 0.165 |
| C20混凝土 | 317.90 | 0.539 | 0.859 | 0.165 |

说明：

1. 图中尺寸单位均以mm计。
2. 本图适用于土质比较松散的地区，应采用大开挖形式施工，本图开挖边坡按1:0.75计。
3. 水窖及沉沙池基础夯实系数不低于0.93。
4. 水窖周边回填土应结合池壁混凝土浇筑进度分层均匀回填，顶部覆土回填时，要避免大力夯填，回填土内不得含有较大石块，压实系数不低于0.90。
5. 水窖顶部预制混凝土盖板铺设后，应在其上面覆盖一层0.3mmPVC防水卷材，然后再进行覆土回填。
6. 拦污栅采用10号铅丝按10mm间距的网格编织，也可以采用10mm筛网剪制。
7. 本套图共2张，应配合使用。

| 第六部分　水窖 | | | |
|---|---|---|---|
| 图名 | 50m³圆柱形水窖设计图 | 图号 | 6-5 |

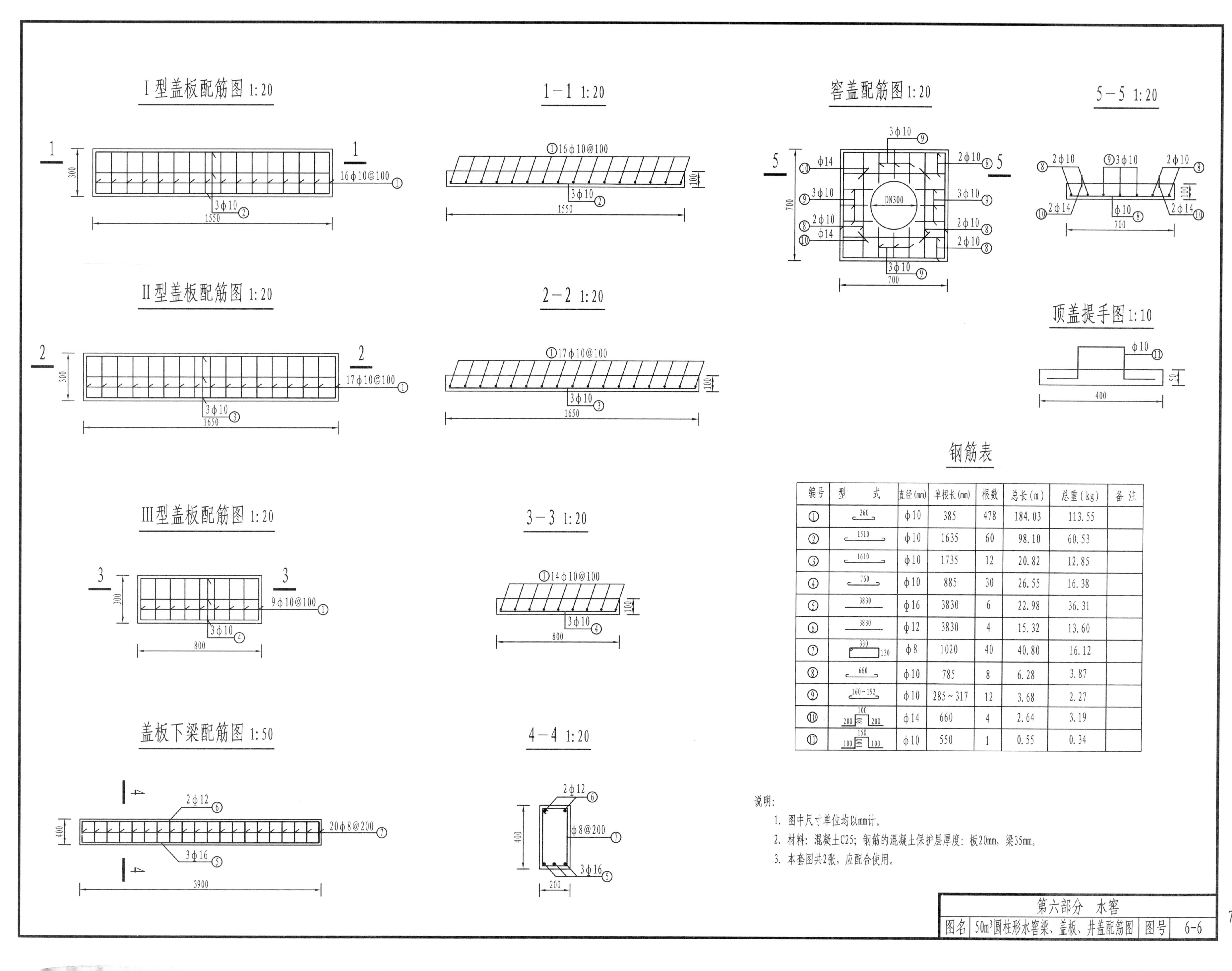


## 钢筋表

| 编号 | 型式 | 直径(mm) | 单根长(mm) | 根数 | 总长(m) | 总重(kg) | 备注 |
|---|---|---|---|---|---|---|---|
| ① | 260 | ϕ10 | 385 | 478 | 184.03 | 113.55 | |
| ② | 1510 | ϕ10 | 1635 | 60 | 98.10 | 60.53 | |
| ③ | 1610 | ϕ10 | 1735 | 12 | 20.82 | 12.85 | |
| ④ | 760 | ϕ10 | 885 | 30 | 26.55 | 16.38 | |
| ⑤ | 3830 | ϕ16 | 3830 | 6 | 22.98 | 36.31 | |
| ⑥ | 3830 | ϕ12 | 3830 | 4 | 15.32 | 13.60 | |
| ⑦ | 330 130 | ϕ8 | 1020 | 40 | 40.80 | 16.12 | |
| ⑧ | 660 | ϕ10 | 785 | 8 | 6.28 | 3.87 | |
| ⑨ | 160~192 | ϕ10 | 285~317 | 12 | 3.68 | 2.27 | |
| ⑩ | 100 200 80 200 | ϕ14 | 660 | 4 | 2.64 | 3.19 | |
| ⑪ | 150 100 100 100 | ϕ10 | 550 | 1 | 0.55 | 0.34 | |

说明:

1. 图中尺寸单位均以mm计。
2. 材料：混凝土C25；钢筋的混凝土保护层厚度：板20mm，梁35mm。
3. 本套图共2张，应配合使用。

| 第六部分　水窖 | | | |
|---|---|---|---|
| 图名 | 50m³圆柱形水窖梁、盖板、井盖配筋图 | 图号 | 6-6 |